兽医临床诊疗宝典

牛病诊疗原色图谱

第二版

陈怀涛　李晓明　主编

U0394970

中国农业出版社

◆ 内容提要 ◆

　　本书阐述了牛的主要传染病、寄生虫病、普通病及肿瘤病共76种，收录图片237幅。每种疾病重点介绍病原（病因）、典型症状与病变、诊断要点、防治措施与诊疗注意事项。本书特点是结构紧凑，图文并茂，通俗易懂，容易掌握，很适合广大基层兽医和牛场技术人员学习应用，也可供兽医专业教师、学生和肉检人员参考。

丛书编委会

主　任　陈怀涛

委　员（以姓氏笔画为序）

王新华　王增年　朱战波　任克良

闫新华　李晓明　肖　丹　汪开毓

程世鹏　周庆国　胡薛英　贾　宁

夏兆飞　崔恒敏　银　梅　潘　博

潘耀谦

本书第二版编审人员

主　编　陈怀涛　李晓明

副主编　王桂荣　刘安典

编　者　丁伯良（天津市畜牧兽医研究所）
　　　　薛登民（西北农林科技大学）
　　　　曹光荣（西北农林科技大学）
　　　　李健强（西北农林科技大学）
　　　　杨鸣琦（西北农林科技大学）
　　　　刘宗平（扬州大学）
　　　　常惠芸（中国农业科学院兰州兽医
　　　　　　　研究所）
　　　　王雯慧（甘肃农业大学）
　　　　贾　宁（甘肃农业大学）
　　　　贺延玉（甘肃农业大学）
　　　　刘安典（陕西省畜牧兽医总站）
　　　　王桂荣（甘肃农业大学）
　　　　李晓明（甘肃农业大学）
　　　　陈怀涛（甘肃农业大学）

审　稿　冯大刚（甘肃农业大学）

本书第一版编审人员

主　　编　陈怀涛

副 主 编　李晓明　胡永浩

编　　者（以姓氏笔画为序）

丁伯良　马小军　马学恩　王大孝

王雯慧　刘安典　刘光远　刘宗平

许乐仁　许益民　孙晓林　李建强

李晓明　李敬玺　杨鸣琦　吴　润

陈怀涛　张旭静　胡永浩　贾　宁

曹光荣　常惠芸　崔恒敏　薛登民

审　　稿　王锡祯　崔中林

序 言
XUYAN

　　《兽医临床诊疗宝典》自2008年出版至今将近15年。经广大基层兽医工作者和动物饲养管理人员的临床实践，普遍认为这套丛书是比较适用的，解决了他们在动物疾病诊断与防治方面的许多问题，的确是一套很好的科普读物。

　　但是，随着我国养殖业的快速发展和畜牧兽医科技工作者对获取专业知识的欲望越来越高，这套"宝典"已不能完全适应经济社会进步的需求。在这种形势下，中国农业出版社决定立即对其进行修订，是非常适宜的。

　　鉴于丛书的总体架构和设计都比较科学适用，故第二版主要做了文字修改，以便更为准确、精练、通俗、易懂。同时增加了一些较重要的疾病和图片，使各种动物的疾病和图片数量都有所增多，图片质量也有所提高，因此，本丛书的内容更为丰富多彩。

　　本丛书第二版也和原版一样，仍然凸显了图文并茂、简明扼要、突出重点、易于掌握等特点和优点。

　　在本丛书第二版付梓之际，对全体编审人员的严谨工作和付出的艰辛劳动，对提供图片和大力支持的所有同仁谨致谢意！

　　相信《兽医临床诊疗宝典》第二版为我国动物养殖业的发展定能发挥更加重要的作用。恳切希望广大读者对本丛书提出宝贵意见。

陈怀涛

2022年10月

第二版前言

DIERBAN QIANYAN

根据我国牛病防控工作的需要，我们于多年前编写了《牛病诊疗原色图谱》。书中纳入了牛的疾病70种，图片153幅。经实践应用，本书的结构和内容都是比较好的。为了能适应兽医科技的发展，我们除对原版不少内容做了文字修改外，还增加了6种疾病和一些图片，使疾病达76种、图片达237幅。因此，第二版的内容更为丰富了。本书中的大多数疾病在我国都有发生，少数疾病如牛瘟、牛传染性胸膜肺炎虽已消灭，但它们仍为牛的重要传染病，兽医工作者应有所了解。牛海绵状脑病见于英国等一些国家，我国必须加强入境检疫，严防本病传入。

本书内容主要包括牛的重要传染病、寄生虫病、普通病和肿瘤病。每种疾病重点叙述病原（病因）、典型症状与病变、诊断要点、防治措施与诊疗注意事项。本书内容新颖，结构合理，文字通俗易懂，有很强的可操作性，很适合广大基层兽医、养牛专业户与养牛场的饲养管理人员阅读和使用。

在第二版付梓之际，谨对提供图片的所有同仁深表谢意！虽然我们做了不小努力，但因水平有限，书中难免不足与错误，恳望广大读者多加批评指正。

编　者
2022年9月

第一版前言
DIYIBAN QIANYAN

近年来，随着我国畜牧业的飞速发展，养牛数量也呈现出急剧增长的势头。除了规模化的牛场外，各地还涌现出很多"奶牛村"和"养殖专业户"等。养牛业成为农村脱贫致富的有效途径，并成为当地农业发展的支柱产业。发展养牛业需要兽医工作配套。虽然一些重要的疫病如炭疽、气肿疽等已得到控制，但仍有不少传染病如口蹄疫时有流行，而且也出现了一些新的疾病。这些疾病造成的经济损失与日俱增，严重制约着养牛业的发展。

《牛病诊疗原色图谱》是兽医临床诊疗宝典丛书的分册之一。全书共分四章，分别为传染病、寄生虫病、普通病和肿瘤。该书以牛的常发病、多发病为主，采取图文并茂的形式，以彩色图片为主，共附图片153幅，辅以简洁的文字，系统地阐述了疾病的病因、典型症状和图片、诊断要点、防治措施和诊疗注意事项。本书内容新颖、科学，语言通俗易懂，有很强的可操作性，很适合广大基层兽医、养牛专业户、养牛场的饲养管理人员阅读和使用。

由于时间仓促，水平有限，不足之处难免，望读者指正以便我们以后修订完善。

编　者
2008年6月

目 录
MULU

序言
第二版前言
第一版前言

第一部分　传　染　病

炭疽…………………………… 1

犊牛大肠杆菌病……………… 4

沙门氏菌病…………………… 6

坏死杆菌病…………………… 8

巴氏杆菌病…………………… 11

布鲁氏菌病…………………… 14

牛细菌性肾盂肾炎…………… 15

牛肠毒血症…………………… 16

气肿疽………………………… 18

恶性水肿……………………… 20

破伤风………………………… 22

结核病………………………… 24

副结核病……………………… 29

皮肤霉菌病…………………… 32

放线菌病……………………… 34

牛传染性胸膜肺炎…………… 37

无浆体病……………………… 41

心水病………………………… 42

衣原体病……………………… 44

肉毒梭菌中毒症……………… 46

口蹄疫………………………… 47

牛流行热……………………… 52

牛恶性卡他热………………… 54

牛传染性鼻气管炎…………… 57

水牛热………………………… 60

牛病毒性腹泻/黏膜病 ……… 61

轮状病毒感染………………… 64

牛白血病……………………… 66

牛瘟…………………………… 69

牛海绵状脑病………………… 72

牛传染性脑膜脑炎…………… 73

第二部分　寄生虫病

阔盘吸虫病…………………… 77

前后盘吸虫病………………… 78

牛囊尾蚴病…………………… 80

螨病…………………………… 82

牛皮蝇蛆病………………… 84
肉孢子虫病 ………… 86
贝诺孢子虫病 ……… 88

隐孢子虫病………………… 90
牛泰勒虫病………………… 91
牛球虫病 ………… 96

第三部分 普 通 病

乳腺炎………………… 99
卵巢囊肿………………… 102
乳池与乳头管狭窄 ……… 103
妊娠毒血症 ………… 104
酮病………………… 106
生产瘫痪 ………… 108
胎衣不下 ………… 109
脐炎………………… 111
瘤胃酸中毒………………… 112
急性瘤胃臌气………………… 114
前胃弛缓………………… 115

创伤性网胃腹膜炎………… 116
皱胃变位………………… 120
皱胃阻塞………………… 123
关节炎………………… 124
腹壁疝………………… 126
遗传性先天性皮肤缺失… 127
蕨中毒………………… 128
霉烂甘薯中毒………… 131
栎树叶中毒………… 133
氟中毒………………… 135
磷化锌中毒………………… 138

第四部分 肿 瘤 病

牛乳头状瘤病………… 141
鳞状细胞癌………………… 143
牛瞬膜癌………… 145
纤维瘤与纤维肉瘤………… 147
皮肤类肉瘤病………… 149
平滑肌瘤………… 151
脂肪瘤………………… 152

黏液瘤………………… 154
精原细胞瘤………… 156
肺癌………………… 157
肝癌………………… 159
间皮细胞瘤………… 162
甲状腺腺瘤与甲状腺癌…… 163

参考文献………………… 166

第一部分　传　染　病

炭　疽

炭疽是由炭疽杆菌引起人兽共患的一种急性、热性、败血性传染病。家畜均易感染，牛和绵羊易感性最强。其特征为发病急促、稽留高热、脾肿大、结缔组织出血性水肿和血液凝固不良。

【病原】炭疽杆菌为革兰氏阳性，有荚膜，可形成芽孢。在动物体内多呈单个或2～5个菌体相连的竹节状短链。繁殖体抵抗力不强，易被一般的消毒药杀灭，但芽孢具有相当强的抵抗力。

【典型症状与病变】本病潜伏期为1～5天。牛、羊炭疽在临诊上可分为最急性、急性和亚急性三型。

最急性型：突然倒地，震颤，昏迷，呼吸困难，腹胀，可视黏膜发绀，天然孔出血。

急性型：精神沉郁，高热，食欲废绝，反刍停止，腹痛，可视黏膜发绀并见出血点，随后出现血便和血尿，死前天然孔出血，迅速死亡。

亚急性型：多见于牛，病情进展较缓慢。常在咽喉、颈部、胸前、肩前和腹下的皮肤以及口腔和直肠黏膜等局部出现"炭疽痈"（浆液出血性炎症）。

【诊断要点】本病应根据病原检查、主要症状和病理变化进行综合诊断。

病原检查：生前采取静脉血液、水肿液，死后采取末梢血液或病变组织涂片，检查炭疽杆菌。也可通过炭疽沉淀试验等方法进行诊断。

主要症状：高热、沉郁、可视黏膜发绀、炭疽痈等。

病理变化：尸体腹胀，尸僵不全，天然孔出血，血液凝固不良呈焦煤油样（黑红色糊状），全身广泛出血，皮下与肌间组织呈出血性胶样浸润，败血脾（肿大、软化），出血性淋巴结炎。

【防治措施】疫区的牛、羊可用炭疽疫苗免疫接种。Ⅱ号炭疽芽孢苗可用于牛、羊（绵羊和山羊），无毒炭疽芽孢苗只用于牛和绵羊。

发生炭疽时应立即上报疫情，封锁疫区，对病畜进行隔离治疗。对病尸严禁剖检，应深埋或焚烧处理。对污染的环境彻底消毒。对疫区及周边的易感动物要进行紧急免疫接种。

对病畜可用抗炭疽血清治疗，或应用青霉素、链霉素、土霉素和磺胺药进行治疗。

【诊疗注意事项】炭疽的诊断要仔细、迅速并注意防护。疑似炭疽的病例禁止剖检，应立即进行细菌学检查。注意与巴氏杆菌病、泰勒虫病、气肿疽、恶性水肿等疾病相鉴别（表1）。

表1　牛炭疽与类似疾病的鉴别

	与炭疽相似点	与炭疽不同点
巴氏杆菌病	体温升高，咽喉、前颈部皮下水肿，多发性出血	其他部位无出血性胶样水肿，脾多不肿大，有出血性或纤维素性肺炎变化
气肿疽	体温升高，皮下与肌肉肿胀	肿胀部位于肌肉丰满处如臀部，按压有捻发音，切开有酸臭味和含有气泡的液体流出；脾无明显变化
恶性水肿	体温升高，组织水肿	水肿的发生与局部损伤有关，水肿很明显，水肿液中含有气泡；无典型败血脾变化
泰勒虫病	体温升高，多发性出血，脾肿大、软化，皮下水肿	全身淋巴结肿大，皱胃黏膜有结节和溃疡，淋巴结、肝、脾、肾有增生性、出血性、坏死性结节，淋巴结穿刺液和血液涂片可发现泰勒虫
牛巴贝斯虫病	体温升高，贫血，黄疸，多发性出血，皮下水肿，脾肿大	血液涂片可查到巴贝斯虫

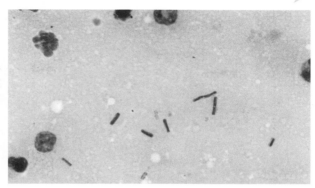

炭 疽

组织中炭疽杆菌的形态：大杆状，有厚层荚膜。Wright×1 000（胡永浩）

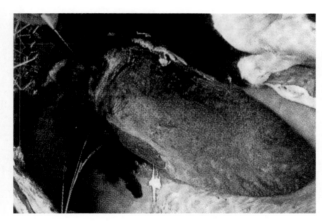

炭 疽

败血脾的外观：脾肿大，质软，呈紫黑色。（Blowey RW等）

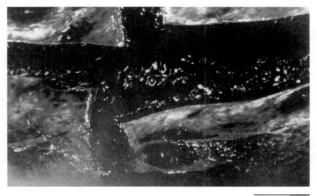

炭 疽

败血脾：切面色紫黑，脾髓软化呈糊状，似煤焦油。

（张旭静. 动物病理学检验彩色图谱. 北京：中国农业出版社，2003）

炭 疽

炭疽皮肤痈：皮下结缔组织呈出血性胶样水肿。（陈怀涛）

犊牛大肠杆菌病

犊牛大肠杆菌病又称大肠杆菌性腹泻或犊牛白痢，是由多种血清型的致病性大肠杆菌引起幼犊的一种急性传染病。其特征为剧烈腹泻或败血症。成年牛常表现为乳腺炎。本病多见于冬、春季舍饲期间。

【病原】大肠杆菌为革兰氏阴性、中等大小的杆菌，无芽孢，有周身鞭毛，能运动。致病性菌株一般可产生一种内毒素和两种肠毒素，对外界环境抵抗力不强，一般消毒药能迅速将其杀死。

【典型症状与病变】临诊上分为败血型、肠毒血型和肠炎型。

败血型：发生于未及时食入初乳或母牛缺乳、机体免疫球蛋白缺乏的犊牛。表现突然发病，体温升高，精神不振，间有腹泻，常于症状出现数小时至1天内死亡。病变不明显或仅见一般充血、出血变化。

肠毒血型：较少见，常突然死亡。病程稍长时，表现中毒性神经症状，随后昏迷、死亡；死前有腹泻症状。常无病变，或见肠炎变化。

肠炎型：见于7～10天吃过初乳的犊牛。粪便呈稀糊状至水样，黄色至灰白色，混有未消化的凝乳块、凝血块及气泡，有酸败气味；后期肛门失禁和腹痛。病程稍长者常发生脐炎、关节炎或肺炎。肠炎型时，主要病变为肠道，尤其小肠呈急性卡他性或出血性炎症变化，内脏可见出血斑点。

【诊断要点】剖检见败血性、中毒性病变及急性胃肠炎变化。主要根据幼犊发病、腹泻症状、肠炎变化，结合细菌检查进行综合诊断。细菌检查，生前可采取粪便，死后可采取肠系膜淋巴结、肝、脾及肠内容物涂片。

【防治措施】控制本病以预防为主。对孕畜应供给足够的蛋白质、维生素与矿物质饲料，保持厩舍卫生，分娩前尤其要注意母畜乳房的清洁，保证幼犊在出生后6小时内食入足量的初乳。

在怀孕后期可用当地菌株制备的疫苗对母畜进行免疫接种，或给幼犊注射大肠杆菌高免血清，也有一定预防作用。

治疗原则：抗菌消炎，补液，调整胃肠机能。抗菌疗法可选用庆大霉素、丁胺卡那霉素和恩诺沙星等。补液可采用静脉输入复方氯化钠溶液、生理盐水或葡萄糖盐水，必要时添加碳酸氢钠预防酸中毒。此外，可配合使用收敛剂和健胃剂。

【诊疗注意事项】在正常情况下，动物消化道内就存在大肠杆菌，死后本菌也易侵入组织，故从动物组织、尤其肠内容物中分离出本菌，不能作为确诊本病的依据，必要时可鉴定其血清型。本病肠型要与犊牛沙门氏菌病、犊牛球虫病、犊牛轮状病毒病相鉴别。败血型要与犊牛双球菌性败血症鉴别。

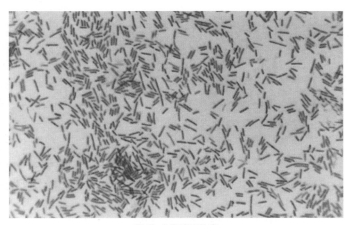

犊牛大肠杆菌病

大肠杆菌为革兰氏阴性无芽孢的直杆菌，大小为（0.4～0.7）微米×（2.0～3.0）微米，两端钝圆，散在或成对。　Gram×1 000（陈怀涛）

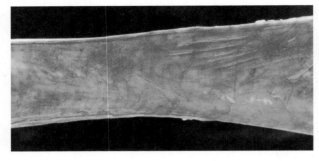

犊牛大肠杆菌病

　　病牛小肠黏膜充血、出血，附有淡红色的黏液。（陈怀涛）

乳腺炎

　　大肠杆菌引起的急性乳腺炎：乳腺切面见明显充血、出血。（Mouwen JMVM等）

沙门氏菌病

　　沙门氏菌病又称副伤寒，是由沙门氏菌属的细菌引起各种动物的一类疾病的总称。本病可发生于各种年龄的牛，主要为2～4周龄的犊牛，犊牛主要特征为败血症和肠炎，孕牛可发生流产。

　　【病原】沙门氏菌属的细菌为两端钝圆的直杆菌，革兰氏阴性，绝大多数有周身鞭毛，能运动。引起牛沙门氏菌病的主要病原为鼠伤寒沙门氏菌、都柏林沙门氏菌、肠炎沙门氏菌等。本病菌虽不产生外毒素，但具有毒力较强的内毒素。沙门氏菌对干燥和日光照射有一定抵抗力，但对化学消毒剂较敏感，如0.2%升汞或5%石炭酸2～5分钟即可杀灭。

　　【典型症状与病变】在犊牛，病初体温升高（40～41℃），呼吸加快，食欲废绝，不久即发生腹泻，排出灰黄色稀便，多于病后1～5天死亡。剖检可见一般败血变化、急性卡他性出血性胃肠炎，肠系膜淋巴结与肠淋巴组织髓样变，肝、脾坏死灶或增生灶。病程较长者，腕与肘关节肿胀，也见支气管肺炎症状。成年牛的症状、病变与犊牛相似，但肠炎变化较严重，多呈出血性或纤维素性、坏死性肠炎。

【诊断要点】根据临诊症状（体温升高、下痢）和病理变化（胃肠炎、肝坏死灶、增生灶等）可做出初步诊断。必要时进行细菌学检查与鉴定。单克隆抗体和聚合酶链反应技术可对本病快速诊断。

【防治措施】预防本病应加强饲养管理，严格执行兽医卫生措施。此外，还要定期进行免疫接种，如肌内注射牛氢氧化铝疫苗，1岁以下每次1～2毫升，2岁以上2～5毫升。治疗本病可选用经过药敏试验有效的抗生素，如金霉素、土霉素、链霉素、卡那霉素、盐酸环丙沙星，也可使用磺胺类药物，同时采用对症和支持疗法。

【诊疗注意事项】犊牛沙门氏菌病因有腹泻症状和肠炎变化，故应与犊牛大肠杆菌病、犊牛球虫病和犊牛双球菌性败血症鉴别。但这三种疾病都没有肝、脾等器官的副伤寒结节。

沙门氏菌病

病犊牛肠壁瘀血色红，淋巴集结有些增生，呈髓样变。（陈怀涛）

沙门氏菌病

成年病牛肠黏膜坏死，有大量纤维素渗出，呈弥漫性固膜性肠炎变化。（甘肃农业大学兽医病理室）

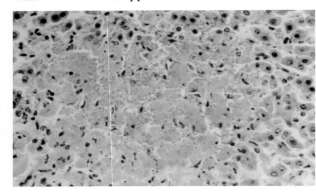

沙门氏菌病

　肝坏死灶：肝细胞呈凝固性坏死，着色红，其间有一些红细胞。HE×400（陈怀涛）

沙门氏菌病

　肝增生灶（副伤寒结节）：由一堆增生的肝窦内皮细胞组成，其中杂有少量中性粒细胞和其他炎症细胞。HE×400（陈怀涛）

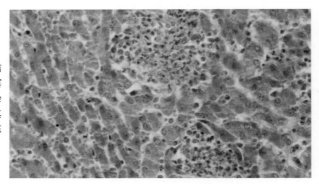

坏死杆菌病

　　坏死杆菌病是由坏死梭杆菌引起的一种慢性传染病。各种畜禽都可发生。牛、羊主要表现坏死性蹄炎（腐蹄病）、坏死性口炎（白喉）和坏死性肝炎。

　　【病原】坏死梭杆菌呈多形态，在坏死性炎灶内多呈长丝状，染色不均，似串珠样，也有的呈球杆状。革兰氏染色阴性，无芽孢和荚膜，为严格厌氧菌，能产生外毒素和内毒素。

　　【典型症状与病变】本病有多种表现形式。腐蹄病：蹄部化脓、肿胀、溃烂、疼痛，跛行，甚至蹄壳脱落。坏死性口膜炎（白喉）：口腔黏膜（齿龈、舌、颊、咽喉部黏膜）充血并形成隆起的溃疡，其表面覆盖黄白色坏死物。有流涎、吞咽与呼吸困难等症状。坏死性肝炎：病牛常无明显症状，严重者发生厌食。剖检见肝内有数量不等的圆形、干燥、黄色坏死灶，大小不一，周围有一充血带环绕。也可见坏死性瘤胃炎病变等。

【诊断要点】根据蹄部、口腔和肝脏的典型症状和病理变化可做初步诊断，必要时可从坏死组织与健康组织交界处取材检查病原菌，或用病料进行动物（家兔、小鼠）试验。

【防治措施】预防本病尚无特异性疫苗，只能采取综合性预防，如加强饲养管理，减少在低洼湿地放牧，保持圈舍清洁、干燥，防止皮肤与口黏膜损伤，如发生损伤，应及时处理（如用5%碘酊消毒），治疗宜同时采用全身与局部治疗方法。全身疗法：青霉素，每千克体重0.5万~2.0万国际单位，一天2~3次，肌内注射；链霉素，每千克体重10~15毫克，一天二次，肌内注射。局部疗法：对坏死性口炎，可除去假膜，用0.1%高锰酸钾溶液冲洗口腔，局部涂擦碘甘油，早晚各一次；对腐蹄病，用10%福尔马林（4%甲醛）或10%~20%硫酸铜进行蹄浴后，涂抗生素软膏，再用绷带包扎。

【诊疗注意事项】本病的口蹄部病变应注意与口蹄疫鉴别，但本病为慢性、散在发生，而口蹄疫为急性流行性，牛、猪常同时发病。本病的坏死性肝炎生前症状不典型，较难诊断，剖检时注意与结核结节鉴别。

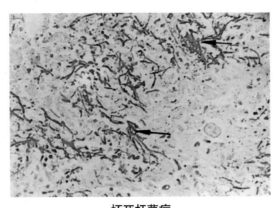

坏死杆菌病

病变组织中坏死杆菌的形态（↑）。（刘宝岩等）

坏死杆菌病

犊左蹄底与蹄冠部组织坏死，左蹄肿胀、变形，有痛感。（刘安典）

坏死杆菌病

犊坏死杆菌所致的坏死性喉炎，喉部见大块坏死灶。（Mouwen JMVM 等）

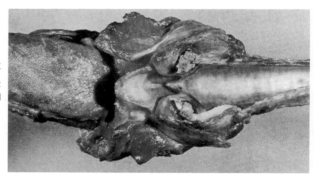

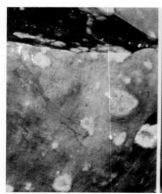

坏死杆菌病

肝脏的凝固性坏死灶：大小不等，色灰黄，微突出于肝表面，中央稍有凹陷，坏死灶周围色红（左），右图为有坏死灶的肝切面。（张旭静）

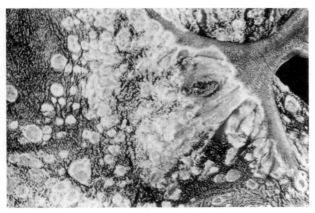

坏死杆菌病

一头母牛的坏死杆菌病。瘤胃黏膜有许多大小不等的圆形和椭圆形坏死性病变，病变周围是灰白色结缔组织。（Mouwen JMVM等）

巴氏杆菌病

巴氏杆菌病是由多杀性巴氏杆菌引起各种动物的一种传染病。牛巴氏杆菌病又称牛出血性败血病，简称出败，黄牛、水牛、牦牛较常见，多呈散发或地方性流行，其临诊特征为高热、呼吸迫促和咽喉部肿胀。

【病原】多杀性巴氏杆菌为革兰氏阴性短杆菌，病变组织或体液涂片，用瑞氏或美蓝染色，呈两端着染，似两个并列的球菌。

【典型症状与病变】败血型：体温高达41℃，精神沉郁，食欲废绝，反刍停止，腹痛、腹泻，粪便带血和黏液，迅速死亡。剖检见全身出血性败血变化。水肿型：颌下、咽喉部、颈部及胸前皮肤肿胀，严重时舌和舌系带也发生水肿，使舌伸出口外，呼吸极度困难，皮肤黏膜发绀，多因窒息死亡。剖检见皮肤肿胀部切面有大量淡黄色液体渗出，胃肠呈急性卡他性或出血性炎症变化，肺充血、出血、水肿与气肿。肺炎型：呼吸困难，咳嗽，流涕。剖检见出血性或纤维素性胸膜肺炎变化。

【诊断要点】根据流行病学、典型症状和病理变化（其中咽喉部水肿、多发性出血与纤维素性胸膜肺炎最重要）可做出初步诊断。病原的分离培养有助于本病的确诊。

【防治措施】预防本病可进行免疫接种，可用氢氧化铝凝胶灭活疫苗或油乳佐剂灭活疫苗，分别在接种后1～2周或2～3周产生免疫。免疫时间分别为3～4个月或6～9个月。发生本病时迅速采取消毒、隔离措施，并积极进行治疗。对已发病和未发病的牛可分别用高免血清治疗或用疫苗进行紧急预防注射，同时应用抗生素（青霉素、链霉素、土霉素）配合治疗。

【诊疗注意事项】败血型巴氏杆菌病应与炭疽鉴别，肺炎型应与牛肺疫鉴别。炭疽病原为大的炭疽杆菌，有败血脾病变，牛肺疫的大理石样肺炎病变更为典型，但败血性病变不明显。

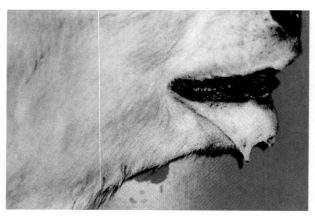

巴氏杆菌病

水肿型：病牛呼吸困难，张口呼吸，口吐白沫。（Blowey RW 等）

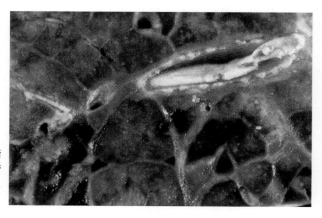

巴氏杆菌病

肺炎型：牛肺切面暗红，间质增宽，支气管中有纤维素化脓性凝块。（张旭静）

巴氏杆菌病

败血型：心冠脂肪和心外膜有大量出血斑点。（李玉和、石宝兰、赵丹彤）

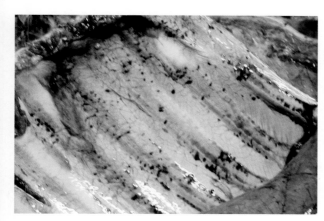

巴氏杆菌病

败血型：肋胸膜有大量出血斑点。（李玉和、石宝兰、赵丹彤）

巴氏杆菌病

肺炎型：肺泡间隔血管充血，肺泡中有大量纤维素、红细胞和不少白细胞。HEA×200（陈怀涛）

布鲁氏菌病

布鲁氏菌病是由布鲁氏菌引起人兽共患的一种慢性传染病，家畜中羊、牛、猪较易感。母牛感染后主要发生流产或早产，故牛布鲁氏菌病又称牛传染性流产。

【病原】布鲁氏菌属有6个种，引起牛布鲁氏菌病的病原为流产布鲁氏菌即牛布鲁氏菌，布鲁氏菌为革兰氏阴性球杆菌，无荚膜、鞭毛和芽孢。

【典型症状与病变】母牛最显著的症状是流产。流产最常发生在怀孕第6～8个月，如再次流产，则流产时间较第一次迟，阴道发炎，流出灰白色黏性分泌物。胎衣常滞留，流产胎儿多为死胎。胎儿呈败血性变化，皮下出血、水肿，浆膜、黏膜出血，胎衣呈黄色胶样水肿；胎盘水肿，子叶出血、坏死，淋巴结、肝、脾肿大，可见坏死灶。母牛偶见关节炎与跛行症状。公牛主要发生睾丸炎和附睾炎。

【诊断要点】根据母牛流产与流产胎儿、胎衣等的病变可怀疑本病，实验室检查（细菌学检查、血清凝集试验与补体结合试验）等可以确诊，其中虎红平板凝集试验是较容易的血清学检查法。

【防治措施】本病以预防为主，引种时必须严格检疫，阳性羊应及时淘汰，彻底消毒环境、用具等。对阴性牛进行主动免疫接种。

【诊疗注意事项】本病为人兽共患病，故临诊时应注意个人防护。

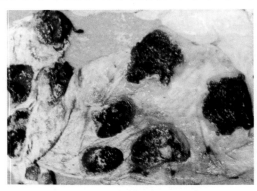

布鲁氏菌病

流产胎盘水肿，子叶出血、坏死，故呈棕黑色，其表面附有坏死物。(Blowey BW等)

牛细菌性肾盂肾炎

　　牛细菌性肾盂肾炎是由肾棒状杆菌引起的以肾炎为特征的一种传染病。本病多呈散发，主要发生于成年母牛，偶见于公牛和其他家畜。

　　【病原】肾棒状杆菌是一类多形态的细菌，多为球杆状或棍棒状，呈单在、成丛或栅栏样排列，革兰氏阳性。

　　【典型症状与病变】病牛主要表现发热，食欲减退，尿频，尿量少，排尿困难，尿浑浊。尿液检查可见混有黏液、大量蛋白质、脓细胞、白细胞和脱落的上皮细胞等。尿液涂片或细菌培养可发现病原菌。严重病例可因尿毒症而死亡。剖检见肾肿大，有灰黄色化脓灶，切面有灰黄色放射状条纹，肾盂内有黏脓性渗出物。

　　【诊断要点】根据临诊特点和特征病变可做初步诊断，确诊主要依细菌学检查：无菌操作采尿，离心，取沉渣检查；或作病料涂片，革兰氏染色，镜检。

　　【防治措施】对病牛应及时进行隔离治疗，可选用青霉素每千克体重6 000～12 000单位，肌内注射，隔日一次，连用4～6周；同时配合应用尿路消毒药：40%乌洛托品溶液10～50毫升，静脉注射，或呋喃坦啶每千克体重0.01～0.05克，每日分2～3次内服。也可试用中草药。

　　【诊疗注意事项】本病以预防为主。加强饲养管理，保持厩舍干燥、清洁，定期对母牛外阴部消毒处理，以防病原菌从泌尿生殖道感染。本病复发率较高，治疗应有耐性，切忌过早停药。经治疗症状消失、尿检细菌转阴后，应连续治疗10天以上。

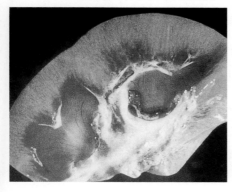

牛细胞性肾盂肾炎

　　一头公牛两个肾叶的切面：呈急性肾盂肾炎变化，肾乳头坏死，坏死区周围充血（特别是右侧乳头），伴以化脓性肾盂炎（肾盂充满白糊状脓液）。(Mouwen JMVM等)

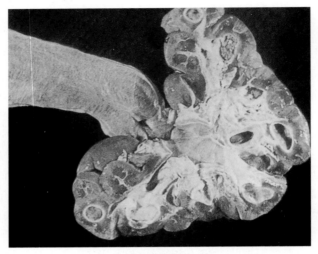

牛细菌性肾盂肾炎

　一头公牛的慢性输尿管肾盂肾炎：输尿管扩张，其壁增厚；肾盂扩张，其周围有厚层白色结缔组织增生。（Mouwen J MVM等）

牛 肠 毒 血 症

　　牛肠毒血症又称牛产气荚膜梭菌病或牛魏氏梭菌病，是由产气荚膜梭菌在肠道产生毒素而引起的一种急性毒血症，致死率几乎为100%。

　　【病原】产气荚膜梭菌是两端稍钝圆的大杆菌，革兰氏阳性，严格厌氧，无鞭毛，在动物体内能形成荚膜，芽孢位于菌体中央。本菌根据毒素中和试验分为A、B、C、D、E、F六型，A型是引起我国牛、羊、猪等家畜"猝死症"的主要病原菌，C型和D型也参与致病作用。本菌能产生强烈的外毒素，也可产生肠毒素。饲料突变（如牛食入大量谷物、青嫩多汁、易发酵饲料和富含蛋白质的草料）是本病的诱因。

　　【典型症状与病变】本病的特点是突然发病、病程短、死亡快。病程最短的仅10多分钟，最长的1～2小时，病牛表现精神沉郁，食欲废绝，心跳、呼吸加快，耳、鼻和四肢末端发凉，颤抖，站立不稳。临死前体温下降，呼吸急促，黏膜发绀，流涎（有的呈带泡沫的红色水样物），腹胀、腹痛，粪便偶见血液，肌肉抽搐，倒地哀叫而死。剖检见小肠、心脏和其他脏器有明显出血变化。

【诊断要点】根据病史、症状及病理变化可做出初步诊断，确诊本病有赖于病原菌分离培养及肠毒素鉴定。发病突然、病程短、死亡快、致死率高、全身症状明显是本病的主要临诊特点。在作病原菌分离培养及肠毒素鉴定时，可尽快采集病死牛的小肠及其内容物送检。

【防治措施】本病以预防为主。在气候多变的季节应加强饲养管理，合理搭配日粮比例，饲草饲料变换时，一定要逐渐过渡。也可定期用产气荚膜梭菌多联浓缩苗进行免疫接种。有人建议，所有干奶期的奶牛和小母牛都应免疫两次，间隔2～4周（或按商品说明），每年在产犊前1个月再加强免疫一次。犊牛也应在4、8和12周龄时用同种菌苗免疫，对预防本病有较好的效果。由于本病进展迅速，往往难以及时治疗。早期治疗可静脉注射青霉素，每日4次，如果有效，可换为每日肌内注射两次。也可同时应用支持疗法和对症疗法。

【诊疗注意事项】本病发病与死亡快，病变特征不明显，故诊断应仔细，尤其应与炭疽、巴氏杆菌病等急性败血性传染病相鉴别。在送检病料时应在低温下保存，但不能冻结。

牛肠毒血症

小肠充血、出血，肠壁色鲜红、紫红，肠腔含大量气体。（刘安典）

牛肠毒血症

心外膜密布出血斑点。（刘安典）

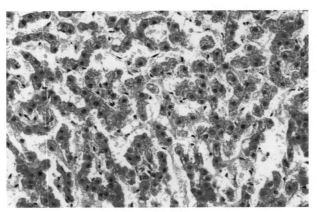

牛肠毒血症

肾小管上皮细胞严重变性、坏死。（刘安典）

气　肿　疽

　　气肿疽又称黑腿病，是由气肿疽梭菌引起牛的一种急性、热性传染病。临诊特征为出血性坏死性肌炎，皮下和肌间结缔组织浆液性出血性炎。患部组织中有气体，故按压时有捻发音。本病常见于3个月至4岁的牛，2岁以下的黄牛更易患病，以温暖多雨的低湿地区较易发生。

【病原】气肿疽梭菌为严格厌氧的革兰氏阳性菌，能形成芽孢。本菌的繁殖体对干燥、高温、化学消毒剂的抵抗力不强，但芽孢有强大的抵抗力。

【典型症状与病变】常呈急性经过，病程1～3天。病畜体温升高、不食、反刍停止、呼吸困难、脉搏快而弱、有跛行。典型症状为肌肉丰满部（如臀、大腿、腰荐、颈、胸、肩部）肿胀、疼痛，局部皮肤干硬、黑红，按压有捻发音。剖检见病部肌肉黑红、坏死，内含红色液体和气泡，切面呈海绵状。肝表面也常见大小不等的灰黄色坏死灶。

【诊断要点】典型症状和病变是诊断本病的重要依据。但确诊须依赖病原菌的检查。

【防治措施】疫苗接种是控制本病的主要措施。用气肿疽明矾菌苗或甲醛菌苗皮下注射5毫升，春、秋季各注射一次。尸体要消毒深埋或焚烧，用具、圈舍、环境可用0.2%升汞液或3%福尔马林消毒。病牛及早用抗气肿疽血清20毫升静脉或腹腔注射治疗，同时应用青霉素和四环素，效果更好。

【诊疗注意事项】只要牢记肌肉的气性坏疽病变，本病的初步诊断并不困难，但要与恶性水肿、炭疽及巴氏杆菌病的炎性水肿鉴别。恶性水肿的水肿病变更明显，而且病变的发生与局部创伤有关；炭疽肌肉痈虽有出血和水肿，但病变部没有气泡和严重的肌肉坏死，故按压无捻发音；巴氏杆菌病的水肿主要位于咽喉部，病变部组织中无气泡，故也无捻发音。

气肿疽

肌肉切面色暗，多孔，呈海绵状。（陈怀涛）

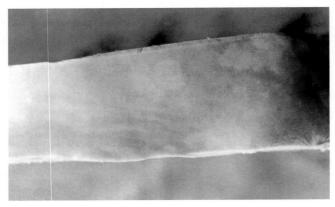

气肿疽

肝表面见大小不等的淡黄灰色坏死区。（陈怀涛）

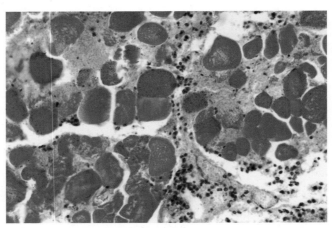

气肿疽

病部肌纤维坏死，呈玻璃样变，肌间出血、水肿，含有气泡，有白细胞浸润。HE×400（陈怀涛）

恶 性 水 肿

　　恶性水肿是由腐败梭菌为主的多种梭菌引起的一种经创伤感染的急性传染病，其特征为创伤局部组织发生急剧的气性水肿，并伴有发热和全身毒血症。以散发为主，牛、绵羊和马多见，猪、山羊较少。禽类除鸽外均不发病。

【病原】除主要为腐败梭菌外，其他梭菌如水肿梭菌、产气荚膜梭菌、诺维氏梭菌、溶组织梭菌等也参与致病。腐败梭菌为严格厌氧的革兰氏阳性菌，菌体粗大，两端钝圆，无荚膜，有周鞭毛，能形成芽孢，在培养物中菌体单在或呈短链状，但在动物腹膜或肝表面上的菌体常形成无关节、微弯曲的长丝或短链状。在适宜条件下可产生多种外毒素。10%～20%漂白粉溶液、3%～5%硫酸石炭酸合剂、3%～5%氢氧化钠等可迅速杀灭菌体。

【典型症状与病变】经外伤感染后迅速发病，病牛食欲减退，体温升高，伤口周围肿胀、灼热、疼痛、有轻度捻发音；切开皮肤后有酸臭的红褐色泡沫液体流出；以后出现高热，呼吸困难，偶有腹泻，多在2～3天死亡。如经产道感染，表现为阴唇和阴道黏膜肿胀、潮红，并有污秽液体流出。肿胀可迅速蔓延至股部、乳房及下腹部。经去势伤口感染时，多于术后2～5天，在阴囊、腹下部发生气性水肿，病畜呈现疝痛及全身症状。

【诊断要点】发病前常有外伤史。外伤部的病变组织（肌肉、皮下、子宫壁等）发生明显的水肿，水肿液中含有气泡。病部肌肉出血、坏死。据此可作初步诊断。本病的确诊有赖于细菌分离鉴定，还可用免疫荧光抗体做快速诊断。

【防治措施】防止外伤是预防本病的关键。及时、合理治疗创伤。本病的预防也可采用多联疫苗进行免疫接种。对家畜施行大手术前或出现外伤时，也可用多价抗血清预防注射。在进行采血、注射、去势、断尾和剪毛时应做好无菌操作。治疗应以局部治疗和全身治疗相结合。全身治疗可选用青霉素、链霉素、土霉素或磺胺类药物。局部治疗应及时扩创、清创，用0.1%高锰酸钾或3%过氧化氢溶液冲洗创口，然后撒以青霉素粉末。同时可采用补液、强心和解毒等对症疗法。

【诊疗注意事项】本病的诊断要特别注意水肿与外伤的关系及水肿的性质。水肿病变与气肿疽、炭疽病变相似，注意鉴别。由于腐败梭菌为严格厌氧菌，所以局部治疗时一定要进行开放疗法，同时局部与全身治疗并重，效果会更好。

恶性水肿

皮下与肌间结缔组织明显出血、水肿。（李晓明）

恶性水肿

肌肉明显水肿、柔软，色暗、无光泽，似半煮状，肌束间距离增宽。（李晓明）

破 伤 风

　　破伤风又称强直症，是由破伤风梭菌经创伤感染引起人兽共患的一种中毒性传染病。其特征为运动神经中枢兴奋性增高和持续的肌肉痉挛。

　　【病原】破伤风梭菌为严格厌氧的革兰氏阳性菌，多存在于土壤。菌体细长，单个存在，有周鞭毛，能运动，能产生芽孢。芽孢呈圆球形，位于菌体一端，因此带芽孢的杆菌呈鼓锤状。本菌易被苯胺染料均匀染色，抵抗力不强，但其芽孢抵抗力较强。

　　【典型症状与病变】潜伏期一般为1～2周，病牛张口困难，牙关紧闭，采食、咀嚼、吞咽困难，流涎，口臭，舌边缘有齿压痕。两耳耸立，头颈伸直或角弓反张。反刍和嗳气停止，瘤胃臌气。凹背或弓腰。尾根高举，偏向一侧。关节屈曲困难，步态显著障碍。病牛不安，对外来刺激（声响、触动等）敏感、惊恐，易出现全身性痉挛症状。剖检时除肌肉僵硬、脊髓充血、出血外，一般无特异变化。

【诊断要点】根据病牛的创伤史和特异症状，如应激性增高、肌肉强直、体温正常等，可做出初步诊断。当临诊症状和流行资料不足以诊断时，可用细菌学检查法或用病料接种实验动物来确诊。

【防治措施】加强饲养管理，防止皮肤受伤，受伤后及时处理。注意手术无菌操作，伤口严格消毒。定期进行破伤风类毒素免疫接种，皮下注射1毫升，犊牛减半。发病后应减少各种刺激，对创伤先进行清创和扩创手术，用3%过氧化氢溶液或5%碘酊消毒，再用碘仿硼酸合剂撒布于伤口内。创口周围可用青霉素、链霉素分点注射。对已出现临诊症状的病牛可用破伤风抗毒素20万～80万国际单位分3次注射，也可一次全剂量注入。对出现强直性痉挛或兴奋的病牛，可用镇静解痉剂（如盐酸氯丙嗪），按每千克体重0.1～1毫克肌内注射，或25%硫酸镁注射液100毫升缓慢静脉或肌内注射，对于症状较严重的病牛可考虑补液。也可配合应用中药追风散、防风散（加减千斤散）与天麻散。

【诊疗注意事项】本病根据特征症状不难作出诊断，在对体表和脏器进行检查时，有时可见创伤后形成的瘢痕，其内部可能就是感染灶。因本病菌对青霉素敏感，为了控制病原体在病灶中的增殖，可在病初使用抗生素进行治疗。

破伤风

病牛肢体强直，头颈僵硬，体形似木马。（张晋举）

结 核 病

结核病是分支杆菌属的成员引起人兽共患的一种慢性传染病。其主要症状为咳嗽和慢性消瘦；病理特征为在多种器官形成结核性肉芽肿即结核结节。牛的结核结节中心常发生干酪样坏死和钙化。牛对结核杆菌最敏感，乳牛的结核病尤为多见。

【病原】结核病的病原为分支杆菌属的三种细菌：结核分支杆菌、牛分支杆菌与禽分支杆菌。牛结核由牛分支杆菌所致。本菌为革兰氏阳性，稍粗短，着色不均；抗酸染色阳性（红色），常用的方法为姜-尼（Ziehl-Neelson）氏抗酸染色法。本菌对干燥和湿冷的抵抗力很强，但对热的抵抗力差，60℃ 30分钟即可死亡。

【典型症状与病变】牛结核主要侵害肺脏、乳房、肠壁、淋巴结和浆膜。肺结核：早期症状不明显，或仅有短促干咳。随病情发展，咳嗽频繁而痛苦，呼吸加快，并出现低热、乏力、消瘦、贫血、乳量减少，有时可见头颈部浅表淋巴结肿大。乳房结核：乳量大减，乳房上淋巴结肿大。肠结核：多见于犊牛，表现消化不良，顽固下痢，迅速消瘦。剖检见肺、淋巴结、浆膜、肠、乳腺等脏器有干酪样坏死和钙化的结核结节。

【诊断要点】生前诊断应结合主要症状，以变态反应和微生物检查为主；死后以病理学和微生物学方法为主。结核菌素变态反应：将结核菌素皮内注射0.1毫升，72小时局部炎症明显、皮厚差在4毫米以上者为阳性。也可用结核菌素3～5滴点眼，阳性者出现结膜炎和全身反应。微生物学检查：用痰、鼻液、乳汁等抹片镜检、分离培养，或用荧光抗体技术检查病料中的分支杆菌。特征病理变化为结核结节，主要由上皮样细胞和巨细胞组成，抗酸染色病灶中可见红色结核杆菌。

【防治措施】采取综合性防疫措施。严格执行定期的防疫、检疫和牛舍消毒制度，对1月龄犊牛胸垂皮下注射卡介苗50～100毫升，以后每年接种一次。牛舍可用5%来苏儿、10%漂白粉或3%福尔马林液每年进行2～4次预防性消毒。良种奶牛可用链霉素、异烟肼等治疗；其他阳性牛应按规定及时淘汰或处理。结核杆菌已出现耐药菌株，在防治中应引起注意。

　　【诊疗注意事项】死后利用病理学方法常可做出较准确的诊断，但应与其他有类似变化的疾病相鉴别，如放线菌病、真菌性肉芽肿、假结核病脓肿等。确诊有赖于病原检查。本菌对磺胺药、青霉素及其他广谱抗生素均不敏感，但对链霉素、异烟肼、对氨基水杨酸和环丝氨酸等敏感。

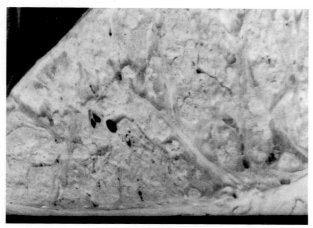

结核病

在肺切面上，结核结节已发生明显的干酪样坏死和钙化。（甘肃农业大学兽医病理室）

结核病

肺间质增宽、水肿，肺实质散在少量粟粒大的灰黄色结核结节。（陈怀涛）

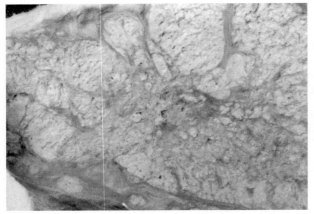

结核病

淋巴结组织几乎变为干酪样坏死物，坏死物中散在钙化灶。(陈怀涛)

结核病

一头黄牛胸膜的"珍珠病"：胸膜上增生许多珍珠状的结核结节。(陈可毅)

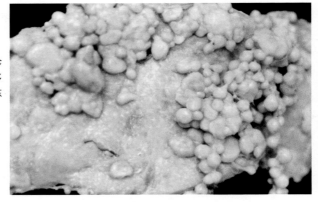

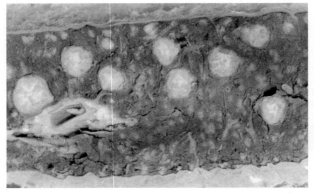

结核病

脾脏的结核结节大小不等，形圆，已发生干酪样坏死和钙化。(陈怀涛)

结核病

　子宫黏膜表面有许多结核结节，有些中心部已破溃形成溃疡。（陈怀涛）

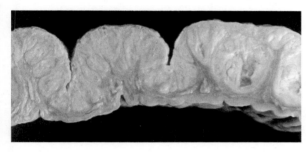

结核病

　子宫结核病：子宫壁增厚，其切面见厚层灰黄色干酪样坏死物，坏死物中有黄色钙化灶。（陈怀涛）

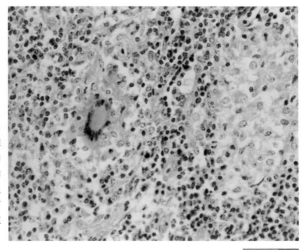

结核病

　淋巴结增生性结核结节：主要由上皮样细胞和巨细胞组成。此图显示两个较小的结节，右侧一个仅有淡染的上皮样细胞；左侧一个除上皮样细胞外，其中心部还有一个巨细胞。HE×400（陈怀涛）

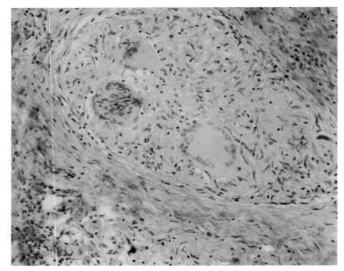

结核病

浆膜增生性结核结节：结节较大，界限明显，由许多上皮样细胞和几个巨细胞组成，其中淋巴细胞散在；结节由结缔组织包裹。HE×200（陈怀涛）

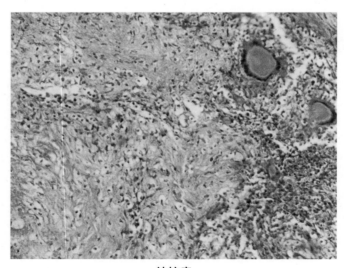

结核病

肝脏中一个较大的增生性结核结节。图示结节的一部分，左下角为结节中心部红染的干酪样坏死，大片区域为上皮样细胞，右上方是两个典型的郎汉斯巨细胞。HE×200（陈怀涛）

副 结 核 病

副结核病又称副结核性肠炎，是由副结核分支杆菌引起的一种慢性传染病。其主要症状为顽固性腹泻与渐进性消瘦；病理特征为慢性增生性肠炎。牛对本病最易感，其次是绵羊、山羊、骆驼等反刍动物。

【病原】副结核分支杆菌为革兰氏阳性小杆菌，抗酸染色阳性，在病变组织或粪便中多成团、成丛积聚或散在分布。

【典型症状与病变】病初无明显症状，以后出现食欲减退，精神不佳，泌乳减少和间歇性腹泻。粪便稀，恶臭，混有气泡、黏液或血丝。随病情发展，出现顽固性腹泻，病畜精神沉郁，被毛粗乱，消瘦，虚弱，下颌及肉垂水肿。如腹泻不止，经3～4个月死亡。剖检见回肠黏膜增厚，皱襞明显，严重时外观似脑回。有时肠壁可见淋巴管的增生性炎症，呈白色线绳状。肠系膜淋巴结也可因增生而肿大。

【诊断要点】根据典型症状可做初步诊断，但确诊有赖于病原和病理检查。对症状不明显的病畜，可用变态反应、补体结合反应或酶联免疫吸附试验进行诊断。生前粪便黏液涂片经抗酸染色，在油镜下如看到细胞内呈丛状、在细胞外呈散在分布的红色小球杆菌，可基本确诊。

【防治措施】本病应以预防为主，预防的重点是严格检疫、淘汰病牛和消毒用具、环境等。消毒药可选用20%石灰乳、20%漂白粉等。关于本病的人工免疫，尚无良好方法。如有条件，可给新生犊牛肉垂皮下注射副结核分支杆菌弱毒株的灭活苗1.5毫升，免疫期可达4年。疾病早期以抗菌、消炎、止泻为治疗原则，如灌服磺胺二甲嘧啶片每千克体重70～100毫克，2次/天，连用5天，首次量加倍。病至后期，药物治疗常无明显效果。

【诊疗注意事项】本病生前诊断往往被忽视，因为轻度腹泻不易察觉，出现明显腹泻症状时常考虑其他疾病，或饲养管理不良引起的腹泻。因此，本病应与有腹泻症状的沙门氏菌病、球虫病、霉败饲料中毒等疾病相鉴别。

副结核病

回肠黏膜增厚，起皱，外观似脑回。（陈怀涛）

副结核病

一头病母牛的小肠。肠壁淋巴管因肉芽肿组织增生而增粗，呈弯曲的白色线绳状（↑）。（Mouwen JMVM等）

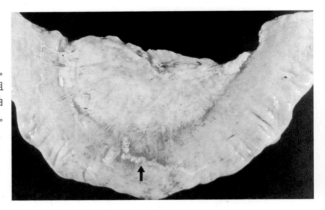

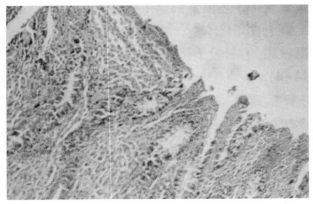

副结核病

小肠绒毛因固有层上皮样细胞增生而变形，黏膜上皮坏死。HE×100（陈怀涛）

副结核病

　　小肠后部黏膜固有层中有大量上皮样细胞，其间杂有一些淋巴细胞和浆细胞。HE×400。（陈怀涛）

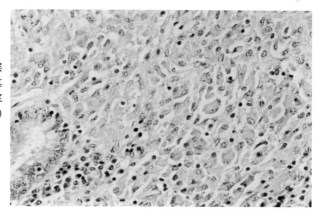

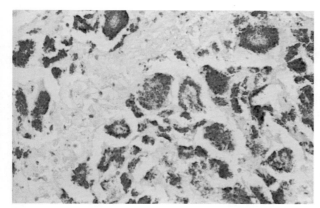

副结核病

　　红色副结核杆菌密集在上皮样细胞中，而细胞外的细菌很少。×400（陈怀涛）

副结核病

　　肠系膜淋巴结的淋巴窦被大量淡染的上皮样细胞和巨细胞所占据。HE×200（陈怀涛）

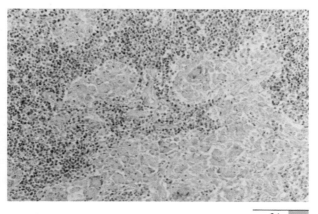

皮肤霉菌病

皮肤霉菌病又称皮肤真菌病，俗称钱癣（牛）、脱毛癣、匐行疹（马）及黄癣（鸡）等，是由多种皮肤霉菌引起牛、其他动物和人共患的一种皮肤传染病。其特征为在皮肤上形成圆形或不规则的癣斑或痂块，动物有痒感。

【病原】引起皮肤霉菌病的主要病原体为小孢霉菌或毛癣菌。

【典型症状与病变】病初，在头颈等部皮肤出现局部脱毛，约小硬币大小，以后形成圆形秃毛癣斑。癣斑上有硬皮、鳞屑或小疱，病部皮肤隆起变厚、形似灰褐色的石棉状，病变很快遍及全身。由于病牛瘙痒摩擦，痂皮破溃出血，常被细菌感染，病灶迅速扩大，与相邻的病变融合成类似湿疹的皮炎。

【诊断要点】根据上述典型症状和病变即可确诊，必要时进行病原检查。刮取痂皮，浸泡于20%氢氧化钾溶液中，加热3～5分钟，置于载玻片上，滴蒸馏水1滴，加盖玻片镜检，可看到霉菌孢子。如为小孢霉菌感染，可见菌丝和小分生孢子沿毛干和毛根周围生长聚集，孢子不进入毛干内。毛癣菌感染时，孢子不仅存在于毛干外缘而且大部分位于毛干内，并规则地排列成链状。

【防治措施】加强饲养管理，注意牛舍卫生，保持通风干燥。发现病牛应立即隔离治疗。对污染的牛舍、用具等用3%甲醛液或3%氢氧化钠液进行消毒。治疗时首先局部剪毛，用3%来苏儿洗去痂块，涂上5%碘酊，每两天1次，直到痊愈。对较严重的病例要同时配合抗生素治疗。

皮肤霉菌病

头颈部皮肤散在许多已脱毛的圆形癣斑。（张晋举）

【诊疗注意事项】本病为人兽共患病，接触病牛时管理人员要注意本身的防护，以免受到传染。本病应与螨病（疥癣）、过敏性皮炎等病相鉴别。

皮肤霉菌病

皮肤病变界限明显，有痂皮。（Mouwen．JMVM等）

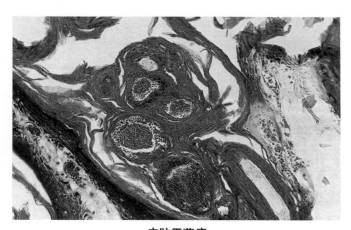

皮肤霉菌病

在表皮角化层毛横切面的周围，见大量霉菌孢子分布。HEA×200（陈怀涛）

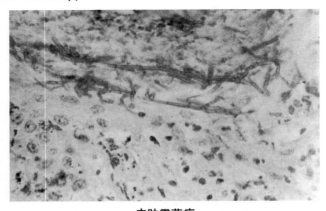

皮肤霉菌病

皮肤角化层里的霉菌菌丝，PAS染色呈红色。（Mouwen JMVM等）

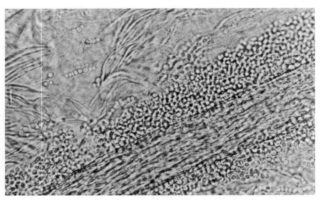

肤霉菌病

毛周有厚层孢子，有时也见菌丝（毛标本采自病变部皮肤边缘并经透明）。（Mouwen JMVM等）

放 线 菌 病

　　放线菌病是人兽共患的一种非接触性慢性传染病，其特征为在头部硬组织（骨）或软组织形成放线菌肿并伴以化脓。本病多呈散发，牛最易感受，尤其2～5岁的幼龄牛。如病变在下颌或上颌形成肿块，俗称大颌病；如发生于舌，使其增大并从口中脱出，则称木舌症。

【病原】本病由多种细菌引起，主要是牛放线菌和林氏放线杆菌，其他细菌如衣氏放线菌、金黄色葡萄球菌、化脓杆菌等也参与致病作用。牛放线菌是牛骨骼放线菌病的主要病原，革兰氏阳性，在病灶中呈黄白色辐射状菌丝的颗粒聚集物（菌块），似硫黄颗粒，故常称"硫黄颗粒"，制片经革兰氏染色，菌块呈玫瑰花或菊花样，其中心为呈紫色线球状的菌丝体，周围辐射状菌丝称棍棒体，为红色。林氏放线杆菌是皮肤、舌、唇和其他软组织放线菌病的主要病原，呈多形态的革兰氏阴性杆菌，在组织中也形成菌块，其结构与牛放线菌相似，但中心为许多细小的短杆菌，周围是比牛放线菌短的棍棒体。无明显的辐射状菌丝，中心和四周都呈红色。

【典型症状与病变】病变常见于颌骨、舌、唇、头部皮肤与皮下、淋巴结以及肺脏等。侵害颌骨时，可见局部肿大、坚硬，骨组织呈多孔海绵状，其中有化脓甚至形成瘘管向外排脓，脓液中有"硫黄颗粒"。头、颈部软组织也可发生硬结。舌表现为"木舌"或形成蘑菇状新生物。唇部肥厚或出现结节。口唇部的病变可影响采食和咀嚼。病理组织上可见放线菌肉芽肿结构。

【诊断要点】根据症状可做出初步诊断。确诊需进行以下检查：①病原检查：采集脓汁中的"硫黄颗粒"，用清水漂洗后置载玻片上，加一滴15% KOH溶液，压片，镜检。②病理组织检查：将病变组织制成石蜡切片，HE或PAS染色，镜下观察放线菌肉芽肿的结构和放线菌块的形态。

【防治措施】避免在有病原菌的低湿地放牧，芒壳等坚硬饲料应软化，以免损伤口黏膜而为病菌的入侵创造条件。由于本病的病原多经口黏膜与皮肤伤口感染，故对局部伤口要及时治疗。软组织的放线菌病可采用外科手术切除病变结节和瘘管，并结合碘制剂治疗，如局部碘酊多次涂布，伤口周围组织注射10%碘仿醚或2%鲁戈氏液，内服碘化钾等。

【诊疗注意事项】为提高本病的治愈率，可配合大剂量较长时间的应用抗生素。牛放线菌对青霉素、红霉素、四环素，林氏放线杆菌对链霉素、磺胺类药较敏感。本病注意与一般脓肿、局部炎性肿胀、肿瘤等疾病相鉴别。

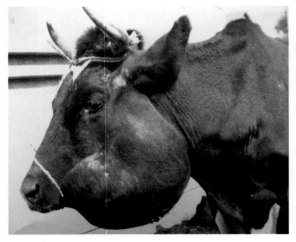

放线菌病

牛下颌部高度肿大，向外突出，似肿瘤。（周诗其）

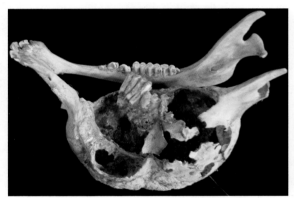

放线菌病

上图病牛的左下颌骨高度肿大，骨质疏松，并形成腔洞，原骨结构和齿槽被破坏。（周诗其）

放线菌病

从病牛颌部皮下分离的一个放线菌肿，其表面可见不少小化脓灶。（甘肃农业大学家畜传染病室）

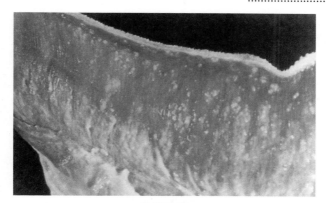

放线菌病

"木舌"切面上可见许多突出的小白点——放线菌肉芽肿。(Mouwen JMVM等)

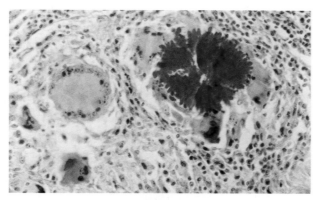

放线菌病

放线菌肉芽组织中可见呈菊花样或玫瑰花样的菌块和数个巨细胞。HEA×400（陈怀涛）

牛传染性胸膜肺炎

　　牛传染性胸膜肺炎又称牛肺疫，是由丝状支原体引起牛的一种传染病。其特征为纤维素性肺炎所致的稽留高热与呼吸困难。各种牛均易感，牦牛和黄牛更敏感。我国于20世纪90年代宣布已将本病扑灭。

　　【病原】病原为丝状支原体丝状亚种。其形态多样，以球菌样为主，革兰氏阴性，瑞氏、姬姆萨染色时菌体着染良好，在加有血清的肉汤琼脂上可生长成典型的煎蛋状菌落。

【典型症状与病变】常取亚急性或慢性经过。亚急性经过者，初期为短干咳；以后咳嗽频繁，高热稽留（40～42℃），流浆液性或脓性鼻液，呼吸困难（呈腹式呼吸）；后期心跳快而无力，胸部与肉垂水肿，食欲丧失。胸部听诊有湿啰音、摩擦音。病程1～2周，终因呼吸困难而窒息死亡。慢性经过者，主要表现逐渐消瘦和偶发干性短咳。剖检见典型纤维素性肺炎（大理石样变）和浆液纤维素性胸膜炎病变。慢性时也可见到肺坏死块。

【诊断要点】根据典型病理变化，结合流行病学特点与症状，可作出初步诊断。确诊应进行血清学检查（补体结合试验）和病原检查。病原检查：从病肺组织、胸腔渗出液取材，接种于10%马血清马丁肉汤及马丁琼脂，37℃培养2～7天，如有生长，即可进行支原体的分离鉴定。

【防治措施】除严格执行一般防疫措施外，应扑杀病牛及可疑病牛。对牛群要定期接种牛肺疫兔化弱毒苗或兔化绵羊化弱毒苗。治疗可选用土霉素盐酸盐、结合链霉素、四环素，也可用新胂凡纳明（914）静脉注射。红霉素、卡那霉素等也可试用。

【诊疗注意事项】本病的病理变化与胸型巴氏杆菌病有一定相似，注意鉴别。

牛传染性胸膜肺炎

肺胸膜上有厚层纤维素沉积，肺发生肝变，间质增宽。（甘肃农业大学兽医病理室）

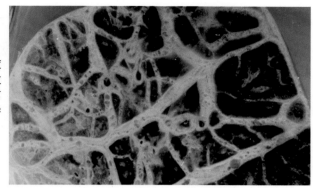

牛传染性胸膜肺炎

　　肺间质与肺膜下高度增宽，肺小叶发生红、灰肝变，故肺切面呈大理石样景象。（甘肃农业大学兽医病理室）

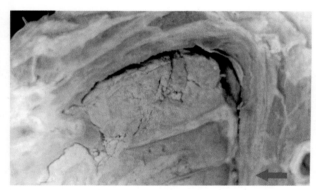

牛传染性胸膜肺炎

　　肺组织坏死、凝固，切面肺结构轮廓尚可辨认，坏死的肺组织被厚层结缔组织包裹（↑），但二者间有一空隙，此图仅显示坏死块的一部分。（甘肃农业大学兽医病理室）

牛传染性胸膜肺炎

　　充血水肿期的肺小叶组织变化：肺泡隔血管充血，肺泡中有大量浆液和少量炎性细胞。HE×200（陈怀涛）

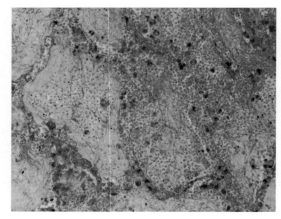

牛传染性胸膜肺炎

　　红色肝变期的肺小叶组织变化：肺泡隔血管充血，肺泡中有大量红细胞和少量炎性细胞。HE×200（陈怀涛）

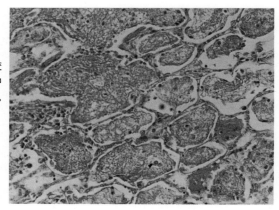

牛传染性胸膜肺炎

　　灰色肝变期的肺小叶组织变化：肺泡隔血管不充血，肺泡中有大量丝网状纤维素和炎性细胞。HE×200（陈怀涛）

牛传染性胸膜肺炎

　　肺间质坏死区中的血管周围机化灶：图中1为血管，2为肉芽组织，3为透明区，4为坏死区。HE×200（陈怀涛）

无 浆 体 病

无浆体病是由无浆体引起牛、羊等反刍动物的一种蜱媒传染病，其特征为发热、贫血与黄疸，本病广泛流行于热带与亚热带地区，我国也有发生，常发于夏、秋季节蜱活动的地区，一般在6月开始出现，8～10月为发病高峰，11月后发病减少。

【病原】无浆体为立克次氏体目、无浆体科、无浆体属的成员。无浆体不能在普通培养基上生长，只能在细胞内生长。通常寄生于红细胞的边缘，少数位于中央，一般一个红细胞仅寄生一个，也有2～3个或更多的。无浆体几乎无细胞浆。用姬姆萨或瑞氏法染色呈蓝色小点，直径0.3～1.0微米。无浆体对广谱抗生素敏感。

【典型症状与病变】犊牛症状轻，仅表现低烧、沉郁、厌食，血液涂片中仅少数红细胞中有无浆体。成年牛病情严重，急性病例，体温突然升高至40～41.5℃，贫血，黄疸，呼吸、心跳加快，腹泻或便秘，呈顽固性前胃弛缓，尿频，但无血红蛋白尿。孕牛流产，奶牛泌乳减少或停止。血液检查可在红细胞发现无浆体。慢性病例呈渐进性消瘦、贫血、黄疸、衰弱、红细胞数与血红素显著减少。剖检见尸体消瘦、贫血、黄疸、皮下水肿、内脏脱水、体腔积液、淋巴结肿大、脾明显肿大、质软，内脏见出血，胃肠呈卡他性炎症变化。

【诊断要点】根据流行特点、症状与病变可做初步诊断。确诊须做实验室检查。取血液或病变器官抹片，10%姬姆萨染色，观察红细胞有无病原体存在。带菌动物可用补体结合试验、毛细管凝集试验和酶联免疫吸附试验检查。野外还用卡片凝集试验，几分钟便可做出诊断结果。

【防治措施】灭蜱是最重要的预防措施之一，畜群应经常药浴，以防吸血昆虫叮咬。同时加强检疫工作。国外已有疫苗使用。病畜应隔离治疗，加强饲养管理与护理，治疗常用四环素族抗生素。青霉素、链霉素治疗无效。

【诊疗注意事项】发现贫血、黄疸、发热及全身症状时应怀疑本病，并应做血液涂片检查无浆体，但严重贫血时可能看不到无浆体，必须连续多次检查。本病应注意与炭疽、牛泰勒虫病、牛巴贝斯虫病等疾病相鉴别。

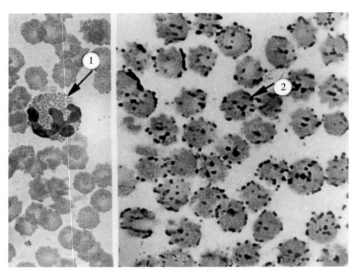

无浆体病

在病牛中性粒细胞（1）和红细胞（2）的胞浆内有数个紫染的球形小体——无浆体。Giemsa×330(刘宝岩等)

心　水　病

心水病又称立克次氏体病，是一种由立克次氏体引起的发热性传染病，可侵害绵羊、山羊与牛等反刍动物。本病主要流行于夏季湿热的低洼地区。通过蜱的吸血活动机械传播。

【病原】本病的病原是反刍兽立克次氏体，呈圆形、椭圆形或杆状，革兰氏阴性，姬姆萨染色呈蓝色，在人工培养基中不易繁殖。在发热期间，病原大量存在于大脑、肾等组织的血管内皮细胞中，少数附着于红细胞上。

【典型症状与病变】病初仅表现体温升高，有时出现神经症状，如步态不稳、转圈运动、肌肉震颤。后期，病牛的前胸、腹下皮肤出现水肿；全身发生强直性痉挛伴以颈部僵硬，倒地，呼吸困难，鼻孔流出白色泡沫液体。剖检见皮下黄色胶样水肿，心包积液，肺瘀血、水肿，呼吸道、消化道和膀胱黏膜有出血点，皱胃黏膜水肿，脾脏肿大，内脏淋巴结出血、水肿。

【诊断要点】根据症状和病变可做初步诊断，确诊要依靠病原体鉴定。

【防治措施】预防本病的原则是：①在流行季节，对疫区的易感动物进行药物预防，直至吸血昆虫停息期。②定期检疫，查出带菌动物，及时给予药物治疗。③限制患病动物进入非疫区。④经常抓好灭蜱工作。治疗本病可用磺胺乌利龙（按每千克体重20毫克，溶于10倍1.3%的氢氧化钠溶液中，静脉注射，每隔24小时一次，连用数次）。也可用磺胺二甲基嘧啶和广谱抗生素进行治疗。

【诊疗注意事项】本病根据症状和病变难以做出诊断，确诊必须进行实验室检查。治疗本病除使用抗菌消炎药物外，还可配合应用强心、利尿药物。

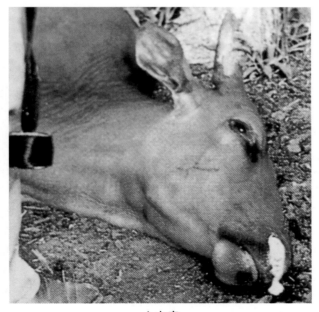

心水病

头颈前伸，鼻孔流出白色泡沫。(L.Longan—Henfrey)

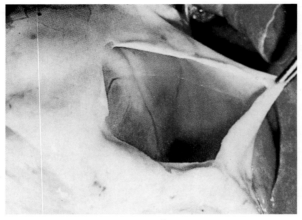

心水病

心包腔积有大量淡黄色液体。（L.Longan-Henfrey）

衣 原 体 病

牛衣原体病是由鹦鹉热衣原体引起的一种传染病。其特征为流产、肠炎、多发性关节炎、脑脊髓炎和结膜炎。

【病原】鹦鹉热衣原体属于衣原体科、衣原体属的微生物，专性细胞内寄生，革兰氏阴性，呈球形或卵圆形。衣原体的发育过程可分为初体和原生小体，初体为繁殖型，无传染性；原生小体具有传染性。姬姆萨染色时，较大的初体被染成蓝色，较小的原生小体呈紫色。在受感染细胞的胞浆中可见原生小体形成多形态的包含体。

【典型症状与病变】本病有以下几种病型。流产型：常呈地方性流行，妊娠7～9个月流产，产出死胎或弱犊，常伴发子宫内膜炎、阴道炎和乳房炎。公牛常发生睾丸炎、附睾炎和精囊炎。肺肠炎型：冬季6月龄之前的犊牛多发，表现沉郁，腹泻，发热，食欲减退，有卡他性、纤维素性或化脓性肺炎症状和病变。关节炎型：多见于犊牛，病初发热，厌食，以后关节肿大、僵硬疼痛，跛行。脑脊髓炎型：发热，沉郁，虚弱，流涎，共济失调，呼吸困难，腹泻，步态不稳，转圈，麻痹，角弓反张。结膜炎型：病眼流泪、羞明，眼结膜充血、肿胀，眼角有黏脓性分泌物，角膜混浊、溃疡。

【诊断要点】根据流行特点、典型症状和病变可做出初步诊断，确诊须做实验室检查。涂片检查：姬姆萨染色、镜检，以发现病原体。血清学检查：采用补体结合反应或血清中和试验，以检查特异抗体。分离培养：取病料悬液0.3毫升接种于孵化6～7天的鸡胚卵黄囊中，感染鸡胚常于5～12天死亡，再取卵黄囊抹片镜检，以发现原生小体。

【防治措施】加强饲养管理，消除各种诱因。定期检疫疫区牛群，及时淘汰病牛和血清学阳性牛。发病后，应及时隔离病牛，并对污染的牛舍、场地和用具等进行彻底消毒。目前尚无市售的牛衣原体疫苗。但有报道用羊流产衣原体卵黄囊甲醛灭活油佐剂苗，在配种前给牛皮下注射3毫升，可有效预防奶牛衣原体病，免疫期可达1年以上。衣原体对氟苯尼考、青霉素、红霉素敏感，而对链霉素、杆菌肽、卡那霉素、庆大霉素、磺胺类药物有抵抗力。因此可用氟苯尼考或青霉素肌内注射，每天1～2次，连用3天。

【诊疗注意事项】本病的病型多，症状复杂，诊断时必须仔细，尤其要注意与布鲁氏菌病、沙门氏菌病进行鉴别。

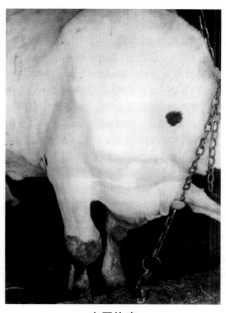

衣原体病

关节炎，病牛右前肢腕关节肿大。（刘安典）

肉毒梭菌中毒症

肉毒梭菌中毒症是牛因食入肉毒梭菌毒素所污染的饲草、饲料或饮水后引起的一种急性中毒性疾病。其特征为肌肉软弱无力、运动神经麻痹。本病无传染性，以散发为主，夏、秋季节多发。

【病因】牛食入被肉毒梭菌毒素污染的草料后，毒素作用于神经肌肉交接处，抑制神经传导介质——乙酰胆碱的释放，从而使肌肉发生弛缓性瘫痪。肉毒梭菌属于腐生性芽孢杆菌，端圆，多单在，无荚膜，芽孢偏于一端，严格厌氧，幼年培养物革兰氏阳性。产生毒素的最适温度为25～30℃。肉毒梭菌及其毒素对热的抵抗力很强。毒素有8型，引起牛中毒的主要为D型。

【典型症状】典型症状为肌肉无力，并由头部向躯干、四肢发展。病初，咀嚼与吞咽困难，以后丧失咀嚼、吞咽功能，垂舌，流涎，下颌及上眼睑下垂，瞳孔散大，卧地不起。便秘，腹痛，尿少。呼吸困难，衰竭死亡。死前意识、反射、体温正常。本病无特异病变，但因咽和食管麻痹，可能引起食物在口腔、咽与食管内滞留，瘤胃中也常见异物（如木片、石块等）。

【诊断要点】根据病史（有食入腐败肉尸或腐烂霉变饲料史）、症状可做初步诊断。检查饲料及尸体内是否含有毒素，并结合小动物试验可以确诊。

【防治措施】加强饲养管理，不让动物接触腐败的肉尸和腐烂霉变的饲料，日粮中应加入适量的食盐、钙、磷等，以防动物发生异嗜癖。本病常发地区，可用同型类毒素或明矾菌苗预防接种。发病后，早期可用多价抗毒素治疗，若毒素型已确定，则可用同型抗毒素。同时使用盐类泻药、洗胃、灌肠等方法消除消化道中残留的毒素。此外，可适当地对症治疗，如输液、强心等。

【诊疗注意事项】死于本病的牛，常无特异病理变化，因此不要以病变作为诊断疾病的主要根据。临诊上当发现运动神经功能障碍（如咀嚼、吞咽困难）的症状时，应着力考虑并寻找与细菌中毒有关的因素。

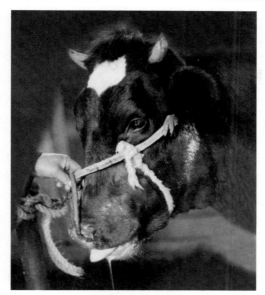

肉毒梭菌中毒症

病牛垂舌、流涎。（李晓明）

口　蹄　疫

　　口蹄疫是由口蹄疫病毒引起的一种急性、热性、高度接触性传染病。主要侵害偶蹄兽，其中危害最严重的是牛、羊和猪，人也可以感染，本病的特征为流涎，并在口、蹄部形成口蹄疮。

　　【病原】口蹄疫病毒呈球形，由单股正链RNA和衣壳蛋白构成，无囊膜。目前已发现7个血清型，即O、A、C及南非1、2、3和亚洲1型。我国流行的主要为O型、A型和亚洲1型。

　　【典型症状与病变】疾病初期，表现精神沉郁、厌食、发热、流涎，继而口、舌、蹄、乳头等部位发生水疱。水疱破裂后形成烂斑，随之结痂。蹄部的病变可使病牛出现跛行，口蹄疮如无继发感染，成年牛多在四周之内康复，死亡率仅在5%以下。幼犊一般不出现水疱等症状，但因心肌受损，死亡率可达70%以上。剖检见坏死性心肌炎，即心肌上出现黄色条纹、斑点（俗称虎斑心）。

【诊断要点】根据流行特点、典型症状和病原检查即可确诊。良性口蹄疫发病急，流行快，传播广，发病率高，死亡率低，多呈良性经过；大量流涎，口蹄疮定位明确。恶性口蹄疫：犊牛猝死，可见虎斑心病变。病原诊断可采用补体结合试验、乳鼠保护试验和乳鼠中和试验等，所用病料为新鲜水疱皮，应分别采自两个以上动物，每个动物不少于10克。也可分离血清，低温保存送检。间接夹心酶联免疫吸附试验（ELISA）操作简便，易于基层应用。

【防治措施】应采取严格的计划免疫模式。使用的疫苗主要是用仓鼠肾传代细胞（BHK_{21}细胞）生产的灭活苗，免疫持续期为4～6个月，每年注射2～3次，每次注射2～3毫升。当有疑似口蹄疫发生时，除进行诊断外，应立即上报疫情，同时在疫区严格实施封锁、隔离、消毒、治疗的综合措施。早期可扑杀孤立疫点的病畜和同群畜，以防疫情扩大。对病牛除加强饲养管理外，口腔可用0.1%高锰酸钾溶液冲洗，糜烂面上可涂擦碘酊，蹄部和乳房可用3%来苏儿洗涤，再涂以青霉素软膏后包扎。

【诊疗注意事项】在诊断方面，为进一步了解所分离病毒与其他毒株的遗传关系，可测定病毒VP_1基因核苷酸序列。本病与牛恶性卡他热、牛瘟、水疱性口炎都有口黏膜的病变，应注意鉴别。

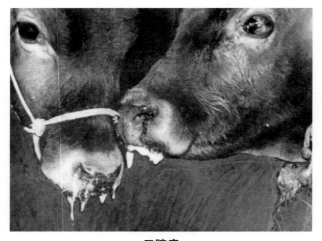

口蹄疫

病牛大量流涎，呈引缕状。（田增义）

口蹄疫

口唇部黏膜见几个淡黄色大水疱（↑）。（田增义）

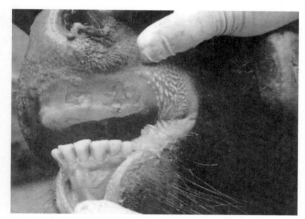

口蹄疫

唇黏膜水疱破裂后形成的烂斑。（刘安典）

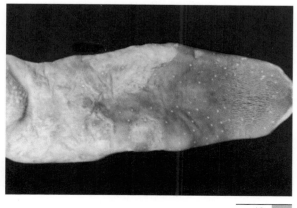

口蹄疫

舌背黏膜形成灰白色的烂斑。（甘肃农业大学家畜传染病室）

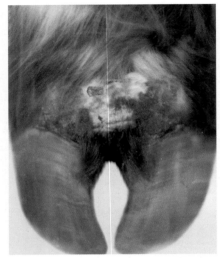

口蹄疫

　　蹄冠部皮肤的破损。（甘肃农业大学家畜传染病室）

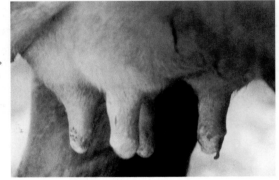

口蹄疫

　　乳头皮肤的水疱与出血（↑）。（田增义）

口蹄疫

　　瘤胃肌柱黏膜见大量圆点状、褐色病斑。（田增义）

口蹄疫

　　犊恶性口蹄疫：心内膜出血，心肌变性、色淡，呈条纹状，似虎皮斑纹。（田增义）

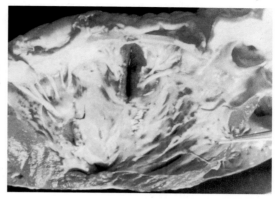

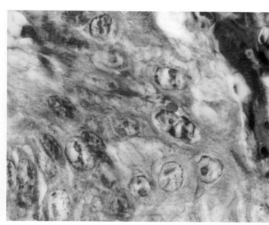

口蹄疫

　　病变上皮细胞浆中的嗜酸性包含体：本图中心靠右侧一个细胞核的上方，有一个均质的圆形红色包含体。HEA×100（陈怀涛）

口蹄疫

　　心肌变性、坏死、均质化，肌纤维间充血、出血并有少量中性粒细胞浸润。HE×400（陈怀涛）

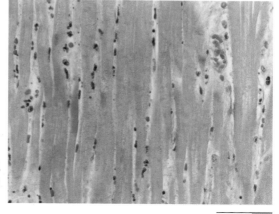

牛　流　行　热

　　牛流行热又称三日热或暂时热，是由牛流行热病毒引起牛的急性热性传染病。其特征为高热、流泪、流涕、呼吸迫促、流涎与关节肿大。本病多为良性经过，主要见于吸血昆虫活动的季节。在一些地区多呈周期性流行。

　　【病原】牛流行热病毒呈圆锥形或子弹头形，基底部宽窄不一。本病毒主要存在于发病牛高热期的血液中，因此用这种含毒的血液静脉注射易感牛，能引起其发病。

　　【典型症状与病变】病初精神委顿、寒颤。随之高热达40℃以上，维持2～3天，产奶量急剧下降；食欲废绝，反刍停止；眼结膜潮红、肿胀，羞明流泪；鼻镜干燥，鼻黏膜潮红，流黏性分泌物，鼻孔开张，呼吸加快，张口伸舌，喘气，口流大量含泡沫的涎液；支气管音粗厉，肺泡音高亢；四肢关节肿大、僵硬，跛行。妊娠母牛患病时，常可出现流产、死胎。剖检见尸僵不全，血凝不良，有的皮下气肿。肺瘀血、水肿，有明显的间质性与肺泡性肺气肿，故肺间质增宽，内含串珠样气泡。

　　【诊断要点】本病传播快，发病率高，高热期较短，死亡率较低，季节性明显，症状和病理变化比较特殊。根据这些特点，不难做出诊断。但要确诊此病，必须分离病原，用已知血清做中和试验，或用已知病毒做病牛双份血清中和试验。

　　【防治措施】本病应以预防为主，治疗尚无特效药物。可采取加强牛舍卫生，消灭蚊蝇，早发现、早隔离、早治疗等措施，以减少疫病的传播。本病流行有严格的季节性，如果在流行期之间用能产生强免疫力的疫苗免疫接种，必能达到预防目的。弱毒苗与灭活苗的研制和改进已取得了很大进展。对病牛可选用抗生素或磺胺药进行抗菌消炎，并配合解热、输氧、强心、补液治疗。

　　【诊疗注意事项】呼吸困难症状和肺瘀血、气肿变化是考虑本病的主要依据。但应注意与霉烂甘薯中毒、牛流感、牛恶性卡他热、牛传染性鼻气管炎相鉴别。

牛流行热

　　鼻黏膜潮红，鼻孔流出黏性鼻液；病牛呼吸困难，关节肿大。（姚金水）

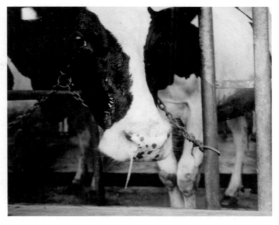

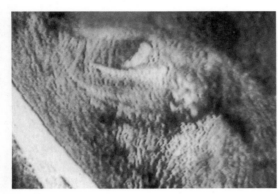

牛流行热

　　病牛眼结膜肿胀、潮红，羞明，流泪。（薛登民）

牛流行热

　　四肢关节肿大，行走困难。（薛登民）

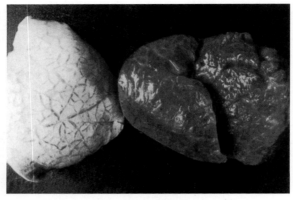

牛流行热

左肺间质气肿增宽，呈花纹状；右肺严重瘀血，间质气肿，呈紫红色。（薛登民）

牛恶性卡他热

　　牛恶性卡他热是由恶性卡他热病毒引起牛的一种急性、热性传染病。其特征为稽流高热、头部（口鼻、眼）黏膜急性炎症、角膜浑浊与非化脓性脑膜脑炎。本病以散发为主，但死亡率高。黄牛与水牛多发（尤其4岁以下的黄牛），冬季和早春较多见。本病一般不能由病牛传给健康牛，带毒绵羊是牛群发病的传染源。

　　【病原】恶性卡他热病毒不易通过滤器，在血液中附着于白细胞不易洗脱。病毒对外界环境的抵抗力不强，不能抵抗冷冻和干燥，因此，含毒血液常保存在5℃环境下。

　　【典型症状与病变】本病分为最急性型、消化道型、头眼型、良性型及慢性型等。以头眼型较多见，但各型也可混合发生。病初病牛呈现高热稽留，食欲减退，呼吸、心跳加快。以后鼻黏膜充血、坏死与糜烂，有黏脓性分泌物，眼畏光，流泪，角膜发炎、混浊；粪便干燥，渐变腹泻，尿频数；母牛阴户肿胀，关节肿大，皮肤有疱疹，常见神经症状，后期脱水、衰竭，体温下降，脉速而弱。剖检见头部黏膜急性卡他性炎症，消化道、呼吸道黏膜有急性卡他性甚至坏死性炎症。组织上，多种器官可见坏死性血管炎，血管周围单核细胞浸润。

　　【诊断要点】根据流行特点、典型症状和病变可做出诊断。必要时进行人工感染犊牛实验，以观察发病过程和病理变化。也可通过病毒分离鉴定和特异抗原与抗体的血清学检查做出确诊。

【防治措施】主要预防措施是，在流行地区应将牛、羊隔离饲养。目前尚无有效的免疫预防制品。在治疗上也无特效药物，如有必要，可对患牛进行对症或支持治疗。

【诊疗注意事项】本病的主要病变在黏膜，尤其是消化道、呼吸道黏膜和眼结膜。因此，应注意与口蹄疫、牛瘟、牛传染性鼻气管炎、牛传染性角膜结膜炎等疾病相鉴别。在死后诊断时，病理组织学检查应予重视，因为它对本病的确诊起重要作用。

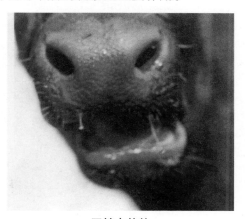

恶性卡他热

病牛呼吸迫促，鼻孔张大、流出黏稠的分泌物，口黏膜潮红、流涎。（陈怀涛）

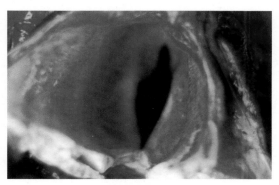

恶性卡他热

喉部黏膜明显充血、潮红。（陈怀涛）

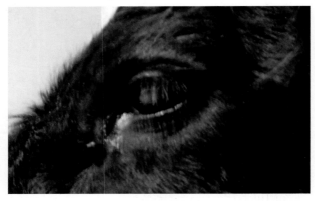

恶性卡他热

　角膜水肿混浊。（王凤龙）

恶性卡他热

　鼻黏膜上皮变性、坏死、脱落，表面附有黏液和红细胞，黏膜组织充血和单核细胞浸润。HE×200（陈怀涛）

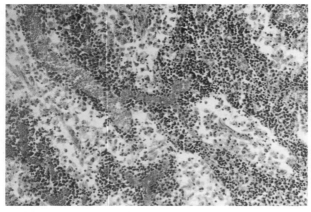

恶性卡他热

　淋巴结血管充血，血管壁坏死，血管周围密布单核细胞，髓质淋巴窦中有大量巨噬细胞。HE×200（陈怀涛）

牛传染性鼻气管炎

牛传染性鼻气管炎是牛的一种以呼吸道病变为主的病毒性传染病。病原是牛传染性鼻气管炎病毒。本病的特征为呼吸困难和体温升高，也可出现阴户阴道炎、结膜角膜炎、脑膜脑炎和流产等症状。本病多见于肥育牛，常在秋、冬寒冷季节流行。

【病原】牛传染性鼻气管炎病毒又名牛疱疹病毒1型。本病毒可在牛、猪、羊、马肾细胞上生长并引起病变，使细胞集聚，形成多核合胞体。体内外感染的细胞均可形成核内包含体。

【典型症状与病变】本病有五种病型。呼吸道型：鼻气管炎引起体温升高，咳嗽，鼻孔扩张与张口呼吸，流浆液性或脓性鼻液，鼻液在鼻黏膜上形成薄膜或在鼻孔周围结痂，将其揭去，呈高度充血，似红鼻子。生殖器型：母牛阴户水肿，外阴附有分泌物，阴道黏膜潮红、发炎、肿胀，有脓疱形成；公牛表现为脓疱性龟头炎。结膜型：畏光，流泪，结膜发炎，水肿，有脓性分泌物，严重者伴发结膜炎和角膜溃疡。流产型：孕牛流产，胎儿皮肤水肿，浆膜出血，浆膜腔积液，肝、脾散布坏死灶。脑膜脑炎型：只见于犊牛，有神经症状，感觉、运动异常，病程短，最终死亡。

【诊断要点】根据病史和症状可做初步诊断。病理组织检查对本病诊断起重要作用，鼻黏膜上皮和流产胎儿肝细胞核内包含体形成，胎儿肝、脾坏死灶，非化脓性脑炎。确诊有赖于病原检查，可采集病牛分泌物或病变组织。用牛肾组织分离培养，再用中和试验或荧光抗体试验以鉴定病毒。应用核酸探针、PCR技术检测潜伏的病毒已收到了较好的效果。

【防治措施】防止本病最重要的措施是实行严格检疫，防止引入传染源和带入病毒。用于预防本病的弱毒苗或多联苗已有商品出售。接种后10～14天产生免疫力，免疫期可达数年，但最好每年接种一次。疫苗接种偶尔可引起妊娠母牛流产。改良的温敏型牛疱疹病毒活疫苗，对预防怀孕青年母牛流产和死产有明显效果。本病发生时，应采取隔离、封锁、消毒等综合性措施。由于本病尚无特效疗法，病畜应及时严格隔离，最好予以扑杀，或根据具体情况逐渐将其淘汰。

【诊疗注意事项】本病呼吸型应与牛恶性卡他热鉴别，结膜型应与传染性角膜结膜炎鉴别。此外，也应注意与牛流行热、牛病毒性腹泻/黏膜病、牛蓝舌病和茨城病相区别。

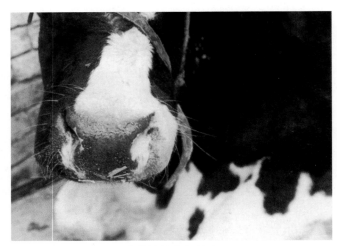

牛传染性鼻气管炎

呼吸道型：由于鼻黏膜发炎而从鼻孔流出黏脓性分泌物。（李健强）

牛传染性鼻气管炎

鼻孔周围皮肤结痂，痂下充血，呈红鼻子病变。（李健强）

牛传染性鼻气管炎

生殖器型：外阴阴道炎，阴道黏膜充血、出血。（李健强）

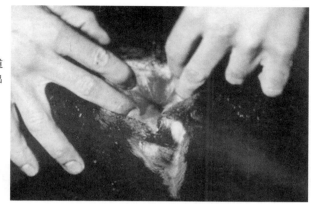

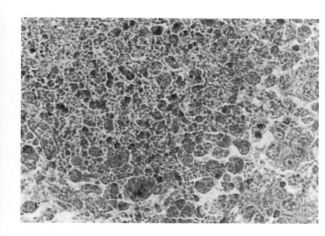

牛传染性鼻气管炎

流产型：流产胎儿肝坏死灶：由坏死崩解的肝细胞、红细胞和白细胞核碎屑组成。HE×132（刘宝岩等）

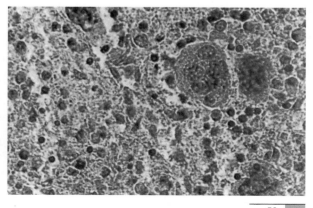

牛传染性鼻气管炎

流产型：流产胎儿脾瘀血、出血、坏死，并有巨核细胞和多核巨细胞。HE×132（刘宝岩等）

水 牛 热

水牛热又称盱眙水牛病，是由病毒引起水牛的一种急性、热性传染病，其特征为稽留高热，沉郁，体躯下部水肿与腹泻，病变为肝、脾、淋巴结坏死灶形成与全身败血性变化。本病只发生于水牛，4～12岁水牛多见，呈散发性流行，病死率高达100%。

【病原】本病病原为一种严格细胞结合病毒，不易分离，对全身各组织器官都有嗜亲性。病毒不能在牛与牛之间自然传播，而山羊则是带毒者和传播媒介，但山羊本身不表现任何症状。如进行人工感染，必须用较大剂量病牛新鲜全血才能获得成功。

【典型症状与病变】病牛稽留高热（可达40℃以上），随后委顿，消瘦，颌下水肿，并逐渐向后延及颈部、胸部和四肢。颈浅与髂下淋巴结显著肿大，腹泻，粪便恶臭，混有黏液和血液，最终因衰竭而死亡。病程一般为14天左右。剖检见全身败血性变化，多处可见出血、水肿，浆膜腔积液，肝、脾、淋巴结均有坏死灶。

【诊断要点】本病目前尚无特异诊断方法，只能根据流行特点、症状与病变进行综合诊断：①本病只发生于水牛，自然发病一般与山羊有直接接触史；②主要症状为稽留高热，体表淋巴结肿大，颌下至颈，胸前皮下水肿，病牛贫血，白细胞减少；③肝、脾、淋巴结坏死灶形成，全身呈败血性病变。

【防治措施】目前没有有效的防治办法。有效的预防方法是严格执行水牛与山羊隔离。

【诊疗注意事项】上述诊断要点一般可对本病做出诊断。生前主要依靠流行特点与症状做初步诊断，病理变化在死后诊断上起决定作用。

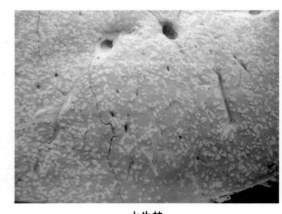

水牛热
肝组织中弥散大量粟粒大小的坏死灶。（许益民）

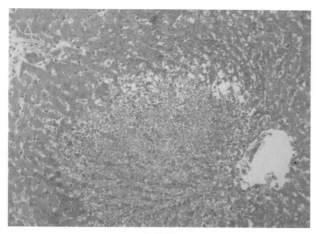

水牛热

肝小叶内大片肝组织坏死，界限较清楚，坏死区内炎性细胞浸润。 HE×100 （许益民）

牛病毒性腹泻/黏膜病

　　牛病毒性腹泻/黏膜病简称牛病毒性腹泻或牛黏膜病，是由病毒引起牛的一种传染病。其特征为体温升高，腹泻与消化道黏膜发炎、糜烂、坏死。此外，本病还可感染绵羊、山羊、猪、鹿等动物。本病在新疫区多为急性，发病率低（约5%），但病死率高（95%～100%），6～18月龄的幼牛多发，肉牛群更常见，封闭饲养的牛群多呈暴发式发病，冬末和春季易发病。

　　【病原】牛病毒性腹泻病毒（即黏膜病病毒）是瘟病毒属的成员。病毒对乙醛、氯仿、胰蛋白酶等敏感，56℃可很快被灭活。

　　【典型症状与病变】急性者突然发病，体温升高（达40～42℃），持续4～7天，同时白细胞减少；随后鼻镜、口腔黏膜、蹄间皮肤发生糜烂和溃疡，舌上皮坏死，病牛表现食欲废绝、流涎、流泪、流涕和重剧腹泻；慢性病例常无发热，但鼻镜明显糜烂，因蹄叶炎及趾间皮肤坏死而出现跛行，泌乳和反刍停止，消瘦，脱水，孕牛多流产，产下的胎儿常有小脑发育不全。剖检见整个消化道尤其口与食道黏膜均有明显的出血、糜烂与坏死变化。

兽医临床诊疗宝典

【诊断要点】根据病史、症状及病变可做出初步诊断，确诊须依赖病毒的分离鉴定及血清学检查。①症状：发热，腹泻，消瘦，白细胞减少。②病变：整个消化道黏膜发炎，糜烂。③病毒分离鉴定：急性发热期间采取血液、尿、分泌物或病变组织，人工感染易感犊牛或用牛胎肾、牛睾丸细胞分离病毒。④血清学试验：可用中和试验，也可用补体结合试验、免疫荧光抗体技术、琼脂扩散试验等方法来诊断本病。

【防治措施】以预防为主，主要是加强检疫。从国外引进种畜或国内进行牛只调拨或交易时，必须加强检疫，防止本病的扩散或蔓延。一旦发生本病，对病牛要隔离治疗或急宰。目前可应用弱毒疫苗来预防和控制本病。本病在目前尚无有效疗法，应用收敛剂和补液疗法可缩短恢复期，以减少损失；用抗生素和磺胺类药物，可减少继发性细菌感染。

【诊疗注意事项】本病应与牛瘟、口蹄疫、牛传染性鼻气管炎，恶性卡他热及水泡性口炎、牛蓝舌病等相鉴别。

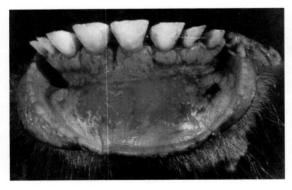

牛黏膜病

齿龈与下唇内面黏膜的糜烂。(Mouwen JMVM等)

牛黏膜病

硬腭与软腭黏膜的出血点与糜烂。(Blowey RW等)

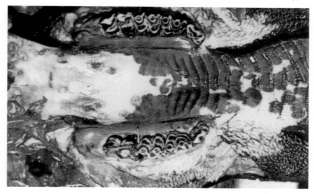

牛黏膜病

　　硬腭后部与软腭黏膜的圆形溃疡。(Blowey RW 等)

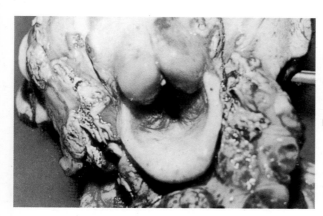

牛黏膜病

　　喉头与声门部黏膜充血、出血、肿胀，附近有不少化脓坏死灶。(Blowey RW 等)

牛黏膜病

　　咽喉部黏膜充血、水肿，食管黏膜有条状、点状出血和糜烂。(Blowey RW 等)

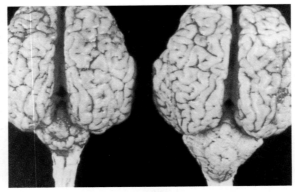

牛黏膜病

左为新生犊牛发育不全的小脑（母牛妊娠150天时接种感染），右为正常的小脑和大脑。(Blowey RW等)

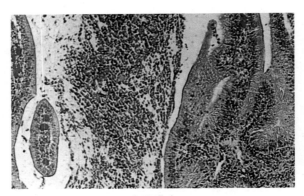

牛黏膜病

小肠黏膜上皮坏死、脱落，固有层有大量淋巴细胞浸润。HE×33（刘宝岩等）

轮状病毒感染

　　轮状病毒感染是多种幼龄动物（发病年龄一般为1～8周）和婴幼儿的一种急性肠道传染病，其特征为腹泻与脱水。本病多发生于晚秋、冬季和早春，寒冷潮湿、卫生条件不良、饲料营养价值不全等均可促使本病的发生和流行。

　　【病原】轮状病毒呈车轮状，按其群特异抗原分为A、B、C、D、

E、F等6个血清群。A群对人、牛与其他动物有致病性，B群对人、C群与E群对猪、D群与F群对禽有致病性。

【**典型症状与病变**】各种年龄的动物都可感染轮状病毒，感染率最高可达90％～100％，常呈隐性经过。一般多在幼龄动物发病，犊牛多在生后1周内感染发病，表现精神委顿，厌食与腹泻，粪便稀如水，呈棕色、灰色或淡绿色，有时混黏液和血液。体温正常或略有升高。如腹泻延长，可导致病犊脱水、酸中毒、休克或继发大肠杆菌等感染而死亡。病程1～8天，一般能在3～4天康复。剖检见卡他性小肠炎病变，小肠壁菲薄，半透明，内容物呈液状、色灰黄或灰黑，有时黏膜明显出血。镜下见绒毛缩短、裸露，隐窝上皮细胞增生等。

【**诊断要点**】根据流行特点和症状可做初步诊断，确诊须进行实验室检查病原，主要方法有电镜检查，其次为免疫荧光抗体技术，可在病犊腹泻开始24小时内采取小肠及其内容物或粪便作为检查病料。

【**防治措施**】加强饲养管理，增强母牛和犊牛的抵抗力。疫区应使新生犊牛尽早吃到初乳，接受母源抗体的保护，以减少发病。用灭活苗或弱毒苗接种母牛，可使新生犊牛食入含有抗体的初乳，通过肠道的局部免疫使犊牛获得有效保护。

【**诊疗注意事项**】本病的诊断比较困难，因为感染动物多呈隐性状态。发病犊牛虽有腹泻、厌食等一般症状，但常怀疑为其他原因（病菌、饲料不良等）所致。因此诊断应仔细，并采用综合性方法。电镜检查病毒是重要诊断方法，应予以重视。

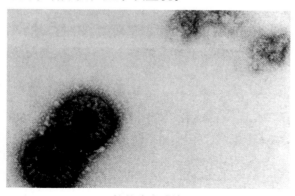

轮状病毒感染

轮状病毒粒子在电镜下的形态。（James）

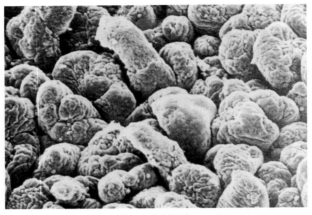

轮状病毒感染

感染轮状病毒的犊牛回肠下部黏膜表面的扫描电镜景象：绒毛缩短，覆以形状不规则的上皮细胞，有几个绒毛的顶端已经裸露。(Courtesy CA Mebus)

牛 白 血 病

牛白血病又称牛淋巴肉瘤，是指以淋巴网状细胞异常增殖为特征的肿瘤性疾病的总称，主要表现为全身淋巴组织呈慢性恶性增生，淋巴结肿大，外周血液中的淋巴细胞有质和量的变化及进行性恶病质。本病可分为地方流行性牛白血病和散发性牛白血病两类。前者即成年牛型白血病，后者又分胸腺型、犊牛型和皮肤型白血病。

【病原】地方流行性牛白血病的病原是牛白血病病毒，散发性牛白血病则由非病毒性因素所致。牛白血病病毒为丁型反转录病毒属的成员，病毒基因组由单股RNA构成。

【典型症状与病变】胸腺型：常见于1～2岁的犊牛，表现为呼吸困难，食欲减退，消瘦，自耳下至胸前口的胸腺呈索状肿大。犊牛型：3～6月龄犊牛多发，精神沉郁，体重下降，贫血，体表淋巴结明显肿大。皮肤型：见于1～3岁的牛，在皮肤出现大小不等的结节，以后结节溃烂、渗出和脱毛，结痂。成年牛型：多见于2岁以上的成年牛，生长缓慢，消瘦，体表淋巴结高度肿大。其他临诊症状则取决于肿瘤所累及的器官。如相应器官受害时，可出现后躯运动障碍、心律不齐、血便、斜颈、眼睑外翻、眼球突出等症状。血液学检查时，有些病例可见白细胞总数明显增加，其中淋巴细胞比正常增加10倍以上，并可见异型淋巴细胞。

【诊断要点】可通过临诊检查、实验室和病理检查等方法来确诊。全身淋巴结，尤其浅表淋巴结、骨盆腔淋巴结与肠系膜淋巴结高度增大。肝、脾、肾、心、皱胃等有结节性或弥漫性肿瘤性病变。组织上见成熟程度不等的淋巴细胞，有核分裂象。外周血白细胞数量明显增多，淋巴细胞比例明显增高，并出现大量不典型淋巴细胞。本病的诊断也可采用免疫学检查，如琼脂扩散、酶联免疫吸附试验等。应用聚合酶链反应检测外周血液单核细胞中的病毒核酸，对本病的诊断有特异性强、敏感性高的优点。

【防治措施】目前本病尚无特效治疗方法。预防措施主要是执行定期检疫制度，对检出的阳性牛应坚决淘汰，定期对环境进行消毒，驱除吸血昆虫，杜绝因手术和疫苗注射等可能引起的感染。

【诊疗注意事项】本病注意与慢性炎症鉴别。在慢性炎症时，局部组织内可见淋巴、网状细胞增生，外周血液中白细胞和淋巴细胞增多，但与白血病不同的是细胞增多的程度较轻。在病变组织中，增生的淋巴细胞多位于间质，常无核分裂象，剖检时无全身淋巴结肿大等病变。

牛白血病

胸腺型：病牛呼吸困难，胸前部皮肤明显隆起，皮下形成大而光滑的肿块。
（Blowey RW 等）

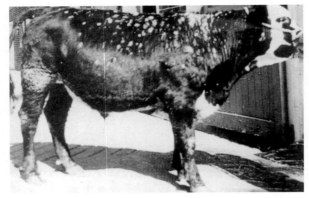

牛白血病

　　皮肤型：颈、背与腹侧部皮肤与皮下形成大量灰白色肿瘤结节，髂下（股前）与其他淋巴结也肿大。（Blowey RW等）

牛白血病

　　成年牛型：颈浅（肩前）与髂下（股前）淋巴结肿大，明显突出于体表。（潘耀谦）

牛白血病

　　肉瘤病变致使左眼突出。（张旭静）

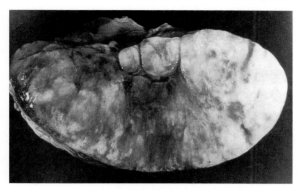

牛白血病

一头年轻病母牛的颈淋巴结。淋巴结肿大、质软，切面色灰白并有出血，淋巴结的结构不能辨认。(Mouwen JMVM 等)

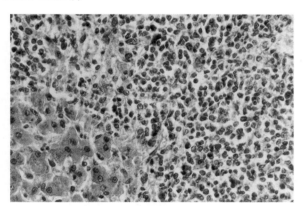

牛白血病

肝组织中有大量瘤细胞密布，图左下角为肝细胞。HEA×400（陈怀涛）

牛　瘟

　　牛瘟俗称烂肠瘟、胆胀瘟，是由牛瘟病毒引起牛的一种急性、热性、高度传染性疾病，其特征为消化道黏膜的坏死性炎症和出血性素质，并伴以剧烈腹泻。我国在20世纪50年代已将本病扑灭。牛对本病易感，尤其耗牛，其次为牦牛与黄牛，其他反刍动物和猪也有一定的感受性。

【病原】牛瘟病毒颗粒一般呈圆形，有囊膜。病毒对理化因素的抵抗力不强，但在低温和盐腌条件下相当稳定。

【典型症状与病变】病初，高热稽留，精神委顿，厌食，便秘，白细胞减少；眼结膜和鼻黏膜充血、肿胀，有黏脓性分泌物；鼻镜干燥、龟裂，覆以黄棕色痂皮；起初流涎增加，口黏膜表面出现灰黄色粟粒大的扁平突起，随之融合成浮膜，浮膜脱落后形成烂斑或溃疡。当高热于第5～6天下降时，出现剧烈腹痛、腹泻，粪便稀薄、恶臭，也可混有血液、黏液或假膜，严重脱水、消瘦和虚脱，多于发病后6～12天死亡。剖检见全身败血性变化和消化道黏膜的出血性坏死性炎症。

【诊断要点】根据流行特点、症状、病变和病毒分离与鉴定进行综合诊断。主要症状为发病迅猛，发热，口腔黏膜糜烂，重剧腹泻。必要时也可进行血清学诊断，常用的方法有补体结合试验、琼脂扩散试验、中和试验、间接血凝试验等，以中和试验准确性较高。

【防治措施】本病的预防应严格实行兽医检疫措施，禁止从疫区引进反刍动物及其产品。定期接种弱毒苗（如牛瘟兔化弱毒苗注射后14天至1年有坚强免疫力）。发生疫情后，应立即封锁、隔离、消毒、扑杀病畜，尸体要焚烧或深埋；对疫区附近的牛群应及时接种牛瘟疫苗。目前尚无治疗本病的有效药物。贵重牛种在发热初期静脉注射大量抗牛瘟高免血清100～200毫升，常可收到治疗效果。

【诊疗注意事项】犊牛接种常用牛瘟疫苗无效时，使用麻疹疫苗则可预防牛瘟。对成年牛，它也是一种有效的疫苗。本病应与口蹄疫、牛病毒性腹泻/黏膜病、牛蓝舌病、牛恶性卡他热、水疱性口炎等疾病相鉴别。

牛　瘟

唇内和齿龈黏膜的糜烂坏死。（甘肃农业大学兽医病理室）

牛　瘟

咽和舌根背部黏膜充血、出血和糜烂、坏死。（甘肃农业大学兽医病理室）

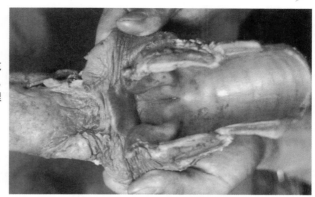

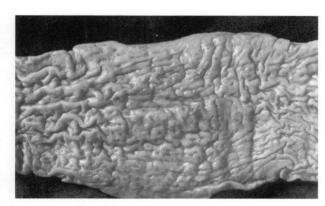

牛　瘟

盲肠黏膜淋巴滤泡增生、坏死并形成小凹陷状溃疡。（甘肃农业大学兽医病理室）

牛　瘟

肺瘀血、出血，间质水肿，切面尚见小化脓灶（甘肃农业大学兽医病理室）

牛海绵状脑病

牛海绵状脑病俗称疯牛病，是由朊病毒引起牛的以中枢神经系统损害为特征的慢性致死性传染病。主要症状为感觉过敏、共济失调与行动的攻击性。病理特征为中枢神经的海绵状变性。本病主要发生于英国、法国等一些国家，可传染给人和有些动物。我国至今尚未发生本病。

【病原】朊病毒或朊蛋白（PrP）是一种不含核酸但具有感染性的蛋白粒子。虽具有病毒的某些特性，但不形成包含体，也不引起宿主免疫反应。PrP有两类：一类是正常的，用PrP^c表示，另一类是致病性的，结构异常，用PrP^{SC}表示。本病病原为与绵羊痒病病毒相类似的一种朊病毒。一般认为牛海绵状脑病是因"痒病相似病原"跨越了"种间屏障"引起牛感染所致。

【典型症状与病变】本病多发生于4～6岁的青年牛，主要因摄入混有痒病病羊或本病病死牛尸体加工成的肉骨粉而经消化道感染。症状包括神经症状和一般症状。神经症状有三种表现形式：①病牛因恐惧、狂躁而表现出攻击性；②后肢共济失调、步态不稳、颤抖、常乱踢乱蹬以致摔倒；③触觉和听觉减退，耳对称性活动困难，常一耳向前，另一耳向后或保持正常。一般症状：精神沉郁，食欲正常，体温偏高，呼吸加快，体重减轻，产奶量减少，终因极度消瘦而死亡。病死牛除体表可能有外伤外，一般无明显剖检变化，但组织上中枢神经的病变典型。可见脑干灰质发生两侧对称性海绵状变性：脑干神经纤维网中散在大小不等的空泡，脑干神经核的神经元核周体和轴突也有许多空泡存在，有时整个胞浆被空泡占据而呈气球样。因此，病变神经组织似海绵样。

【诊断要点】根据症状和流行特点可怀疑本病，确诊则需进行实验室检查。因本病不发生免疫应答，故不能进行血清学诊断。目前对本病的确诊主要依靠病理组织学检查，准确率高达99.6%。此外，实验室诊断还有动物感染试验、PrP^{SC}的免疫学检测和痒病相关纤维（SAF）检查。

【防治措施】本病以预防为主。严禁在饲料中添加反刍动物肉骨粉。病牛无治疗价值。对患牛及其所在牛群一律扑杀并焚毁处理。不能焚烧的物体和病料，可用高压蒸汽130℃处理2小时，也可用次氯酸钠浸泡。严禁从有疯牛病的国家或地区进口牛只及相关产品，对已进口的或用进口牛胚胎等繁殖的牛，实施隔离观察并进行检疫。

【诊疗注意事项】我国尚无本病，因此必须严加进口检疫检验。本病应与其他病毒性脑炎疾病相鉴别。病理组织学检查是简单易行、准确性很高的诊断方法。

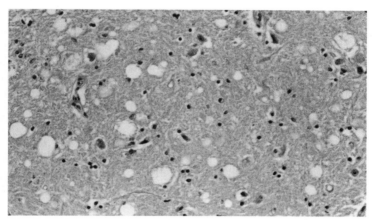

牛海绵状脑病

脑干灰质的组织病变：神经纤维网与神经元中有许多大小不等的空泡，致脑组织呈海绵状。 HE×200（英国兽医诊断中心，赵德明）

牛传染性脑膜脑炎

牛传染性脑膜脑炎又称牛传染性血栓栓塞性脑膜脑炎，是由昏睡嗜血杆菌引起牛的一种传染病。临诊表现神经型、呼吸道型与生殖道型。本病多发生于6月龄至2岁的肥育牛，通常呈散发性。冬、春寒冷潮湿季节多发。

【病原】昏睡嗜血杆菌是一种非运动性多形性小杆菌，革兰氏阴性。本菌抵抗力不强，常用消毒药及60℃ 5～20分钟即可将其杀死。

【典型症状与病变】呼吸道型：呈纤维素性胸膜肺炎症状。病牛高热、呼吸困难、咳嗽、流泪、流鼻液，少数呈现败血症。生殖道型：母牛表现为阴道炎、子宫内膜炎、流产、空怀期延长、屡配不孕，所产犊牛发育不良，生后不久多死亡。神经型：发热，精神沉郁，厌食，以膝关节着地，步行僵硬，运动失调，转圈，伸头，伏卧，麻痹，昏睡，角弓反张，痉挛而死。超急性病例常突然死亡。

【诊断要点】根据典型症状和病变可做出初步诊断，但确诊需进行病原菌分离鉴定。剖检病牛尸体时，神经型见脑膜充血，脑实质有小块状出血性软化灶，肺、肾、心可见出血性梗死灶，组织检查，在脑和其他器官有广泛的血栓形成、血管炎及血管周围炎，以嗜酸性粒细胞浸润为主，或形成小化脓灶。

【防治措施】本病应以预防为主，可使用氢氧化铝灭活菌苗定期免疫注射，同时加强饲养管理，减少应激因素；饲料中添加四环素类抗生素可降低发病率。病牛早期用抗生素和磺胺类药物治疗，效果明显，但如出现神经症状则抗菌药物治疗无效。

【诊疗注意事项】目前，用于诊断本病的血清学检验方法很多，但由于许多动物处于带菌状态或隐性感染，所以血清中存在抗体并不能作为曾发生过本病的标志。在饲料中添加四环素类抗生素虽可降低发病率，但不要长期使用，以免产生抗药性。

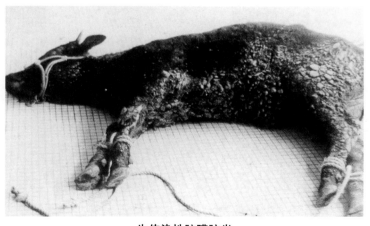

牛传染性脑膜脑炎

眼球震颤，四肢僵直，昏睡。（张旭静）

牛传染性脑膜脑炎

　　脑膜充血、出血，在脑的表面有几个微凹陷的红色坏死软化灶。（张旭静）

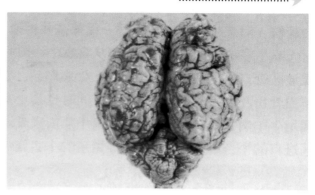

牛传染性脑膜脑炎

　　脑膜血管怒张，脑底部有几个红色坏死软化灶。（张旭静）

牛传染性脑膜脑炎

　　肺脏见出血性梗死灶，色暗红，界眼明显。（张旭静）

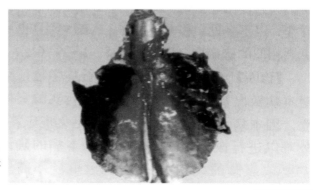

第二部分　寄生虫病

阔盘吸虫病

　　阔盘吸虫病是由阔盘吸虫寄生于牛、羊等反刍动物的胰脏胰管内引起的疾病。在我国发现有多种阔盘吸虫，其中以胰阔盘吸虫分布最广。本病的病理特征是慢性胰管炎。主要临诊症状为消化机能紊乱、腹泻、消瘦、贫血和皮下水肿。

　　【病原】胰阔盘吸虫的新鲜虫体为棕红色，扁平，较厚，长卵圆形。虫卵呈黄棕色，椭圆形，有卵盖，内含毛蚴。发育过程中需要陆地螺和草螽两个中间宿主。

　　【典型症状与病变】阔盘吸虫寄生少时，常无症状。严重感染可导致慢性胰管炎，胰管狭窄或闭塞，甚至胰腺出血和坏死。临诊表现消化障碍，腹泻，消瘦，被毛干燥，易脱落，颌下、胸前水肿。严重时可致死亡。剖检见胰表面散在暗褐色区域，胰管壁增厚，管腔里充满胰阔盘吸虫和黏稠物质。镜检，可见胰管黏膜上皮高度增生形成许多腺管、腺泡结构，胰管周围结缔组织增生，胰腺腺泡萎缩。

　　【诊断要点】粪便检查时，发现胰阔盘吸虫虫卵，剖检时在胰管中找到虫体即可做出诊断。

　　【防治措施】应根据流行特点采取定期驱虫，计划轮牧，消灭中间宿主，加强饲养管理和卫生管理等综合防治措施。常用药物为吡喹酮：牛每千克体重10～35毫克，一次口服，或按每千克体重30～50毫克，用液体石蜡或植物油配成灭菌油剂，腹腔注射。

　　【诊疗注意事项】体质差的病牛除用上述药物驱虫外，还可同时用对症疗法。由于症状不特异，生前诊断应注意与其他消化道疾病鉴别。

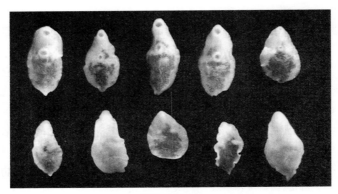

阔盘吸虫病

胰阔盘吸虫的大体形态，上列为腹面，下列为背面。（李晓明）

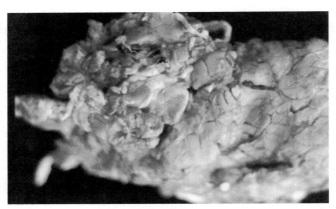

阔盘吸虫病

胰表面见界限不明显的暗褐色病灶，其切开时可从胰管内找到胰阔盘吸虫，本图左下方有几个黑色虫体。（李晓明）

前后盘吸虫病

前后盘吸虫病是由前后盘科的各属吸虫寄生于牛、羊等反刍动物所引起的吸虫病的总称。除平腹属的吸虫成虫寄生于盲肠、结肠外，其他各属吸虫均寄生在瘤胃及瘤胃与网胃交界处。成虫可引起病变，但危害更严重的是幼虫在皱胃、小肠、胆管和胆囊移行寄生时引起的炎症，甚至可导致死亡。临诊特征为顽固性腹泻、消瘦、贫血、皮下水肿和衰竭。

【病原】前后盘科吸虫的外形呈圆锥状，腹吸盘发达，位于体后端。中间宿主是淡水螺。牛通过消化道摄入囊蚴，囊蚴到达肠道后，童虫从囊内游出，在小肠、胆管、胆囊和皱胃内寄生并移行，最后到达瘤胃并发育为成虫。虫卵随粪便排出并孵化出毛蚴，毛蚴钻入淡水螺体内发育成尾蚴，尾蚴离开螺体后形成囊蚴。

【典型症状与病变】前后盘吸虫的成虫致病力较弱，大量幼虫的移行和寄生常可导致病牛顽固性拉稀，粪便呈粥样或水样，有腥臭味。病牛迅速消瘦，精神委顿，颌下水肿，严重时水肿可发展到整个头部以至全身。随病程的延长，病牛高度贫血、黏膜苍白、血液稀薄，后期极度消瘦、衰竭死亡。

【诊断要点】①成虫寄生的诊断：用水洗沉淀法在粪便中检查虫卵。虫卵形态与肝片吸虫相似，但颜色不同。②童虫的诊断：生前用驱虫药物试治，如果症状好转或在粪便中找到相当数量的童虫，即可做出判断。③死后诊断：成虫吸附于瘤胃及瘤胃与网胃交接的黏膜，局部黏膜充血、出血或有溃疡。死于童虫感染的牛，除恶病质变化外，胃、肠道及胆管等黏膜充血、出血、水肿及脱落，其内容物中可检出童虫或虫卵。

【防治措施】应根据流行特点采取定期驱虫，消灭中间宿主，加强饲养管理和卫生管理等综合防治措施。药物治疗：①硫双二氯酚：每千克体重40～60毫克，将药物用适量酒精溶解后加水成悬液灌服；也可直接拌于精饲料内喂服。②氯硝柳胺：每千克体重40～60毫克，将药物置于舌根，让其吞服。

【诊疗注意事项】诊断时可参照病牛血象变化：白细胞总数稍高，嗜酸性粒细胞比例明显增加，占10%～30%，中性粒细胞增加，并有核左移现象，淋巴细胞减少。

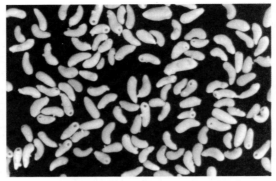

前后盘吸虫病

成虫呈圆锥状，背面稍隆起，腹面略凹陷，色粉红，雌雄同体，大小为 (5.0 ～ 12.0) 毫米 × (2.0 ～ 4.0) 毫米，有前后两个吸盘，口吸盘位于虫体前端，腹吸盘位于后端，比口吸盘大。（陈怀涛）

前后盘吸虫病

牛网胃壁的网眼内吸附数个红色前后盘吸虫成虫，局部黏膜受损。（刘安典）

牛囊尾蚴病

　　牛囊尾蚴病又称牛囊虫病，是一种重要的人兽共患寄生虫病。牛囊尾蚴是寄生在人小肠中的肥胖带吻绦虫（又称牛带吻绦虫）的中绦期。牛在吞食病人粪便污染的水草后感染本病。牛囊尾蚴寄生在牛的横纹肌。本病呈地方性流行。

【病原】牛囊尾蚴又称牛囊虫，是肥胖带吻绦虫的幼虫。牛囊尾蚴呈灰白色、半透明的囊泡状，囊内充满液体。囊壁一端有一内陷的粟粒大的头节，其上有4个吸盘。牛带吻绦虫呈乳白色、带状，头节上有4个吸盘，无顶突和小钩。虫卵呈球形，黄褐色，内含六钩蚴。

【典型症状与病变】牛感染囊尾蚴后一般无临诊症状，严重感染时，可见体温升高，虚弱，腹泻，反刍减少或停止，呼吸困难，心跳加快等，甚至出现高热，并导致死亡。人体感染牛带吻绦虫，能引起消化机能障碍，长期寄生，会导致贫血及维生素缺乏。

【诊断要点】本病生前诊断较困难。肉检时发现牛囊尾蚴即可确诊。严重感染时全身肌肉均可寄生，偶见于肝、肺、淋巴结等器官。囊尾蚴约黄豆大，呈乳白色囊泡状，囊内充满液体，囊壁上有一个乳白色头节。将头节制成压片用低倍显微镜观察，可见头节上有四个吸盘。

【防治措施】①加强宣传教育，改变吃生牛肉的习惯。②对牛带吻绦虫患者及时治疗，可用丙硫咪唑。③加强肉品检验工作。④对人的粪便进行发酵处理，减少污染环境。

治疗：治疗牛囊虫病很困难，建议试用吡喹酮、丙硫咪唑或甲苯咪唑驱虫。

【诊疗注意事项】生前诊断可采取血清学方法，目前认为最有希望的方法是间接红细胞凝集试验和酶联免疫吸附试验。牛宰杀后检验时发现囊尾蚴可确诊。但一般感染强度较低，肉检时必须仔细。

牛囊尾蚴病

牛骨骼肌中寄生的囊尾蚴，大小为（5～9）毫米×（3～6）毫米，色灰白，呈小泡状，内含液体和一个头节。（贾宁）

牛囊尾蚴病

牛心脏寄生的囊尾蚴，在心室壁切面和心外膜均可见到，心外膜下的囊尾蚴常向外突出，呈小泡状。（贾宁）

螨 病

螨病又称疥癣病，是由螨虫寄生在牛皮肤所引起的一种慢性寄生虫性皮肤病。特征症状为剧痒、脱毛、皮肤发炎并形成痂皮或脱屑。主要通过接触传播。多发生于秋末、冬季和初春。

【病原】牛羊螨病主要为疥螨属和痒螨属的各种螨。疥螨形体很小，背面隆起，腹面扁平，浅黄色，半透明，呈龟形。虫体前端有一咀嚼式口器，无眼。痒螨呈长圆形，灰白色，虫体前端有长圆锥形刺吸式口器，背面有细的线纹，无鳞片和棘。

【典型症状与病变】疥螨病多见于头、耳部等毛少皮肤较薄的部位，严重感染时可波及其他部位。病变皮肤发红、肥厚，继而出现丘疹、水疱，继发细菌感染可形成脓疱。严重感染时动物消瘦，皮肤形成皱褶或龟裂，干燥、脱屑（干疥）。少数病犊可死亡。痒螨病多见于颈部、角基底、尾根、肉垂和肩胛两侧等毛密的部位，严重时波及全身。患病部位脱毛，皮肤形成水疱、脓疱，结痂肥厚，由于组织液渗出，故病部潮湿（湿疥）。严重感染时，病牛精神委顿，食欲大减，衰竭而死亡。

【诊断要点】根据发病季节、症状、病变和虫体检查即可确诊。虫体检查时，从皮肤患部与健部交界处刮取皮屑置载玻片上，滴加50%甘油水溶液，镜下检查。病理学特征：眼观上，疥螨病以疹性皮炎、脱毛、形成皮屑干痂为特征。痒螨病以皮肤表面形成结节、水疱、脓疱和鳞屑状湿性痂皮为特征。

【防治措施】预防：保持圈舍干燥、透光和通风，定期消毒。病牛治愈后应隔离观察20天方准归群。引入种畜，要加以隔离观察，确无本病再入大群。治疗：患部剪毛去痂，彻底洗净，再涂擦敌百虫溶液（来苏儿5份，溶于温水100份中，再加入敌百虫5份）或敌百虫软膏。也可用5%溴菊酯喷淋或药浴，每1 000升水加100～300毫升；伊维菌素每千克体重0.2毫克，皮下注射。

【诊疗注意事项】临诊上应与皮肤霉菌病、湿疹、虱性皮炎相鉴别。

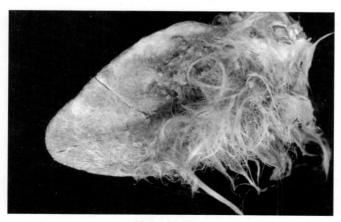

螨病（疥螨）

牦牛耳部的疥螨病变：皮肤粗糙、脱屑、脱毛。（陈怀涛）

螨病（痒螨）

牛肩部的痒螨病变：皮肤形成厚痂，有渗出液。（Mouwen JMVM等）

牛皮蝇蛆病

牛皮蝇蛆（蚴）病是由牛皮蝇、纹皮蝇等的幼虫寄生在牛皮下组织引起的一种慢性寄生虫病。在我国西北、东北地区以及内蒙古和西藏等地严重流行，其他省、区由流行地区引进的牛只也有发生。

【病原】牛皮蝇和纹皮蝇的发育都要经过卵、幼虫、蛹及成虫4个阶段。幼虫分三期位于体内，其中第三期幼虫位于腰背部皮下。

【典型症状与病变】皮蝇的成蝇在飞翔季节，虽然不叮咬牛只，但可引起牛惊恐不安、踢蹴和狂奔，严重影响牛采食、休息，造成贫血、消瘦、流产及奶量减少。幼虫钻入皮下时引起皮肤炎症、水肿、疼痛、瘙痒、局部形成多少不等的囊状突起。以后皮肤隆突部出现孔洞。穿孔如继发化脓菌感染，则形成脓肿、瘘管和蜂窝织炎。幼虫也可钻入延脑和大脑脚，引起神经症状。

【诊断要点】牛皮蝇蛆病只发生于从春季起就在牧场上放牧的牛只，舍饲牛一般不受害。结合病史调查，流行病学资料分析和检查患牛背部皮肤与皮下的典型病变并发现虫体，即可做出明确的诊断。

【防治措施】防治关键是选用药物杀灭第三期幼虫或移行中的幼虫。用2%敌百虫水溶液300毫升一次涂擦患牛背部，用药后24小时大部分虫体可软化死亡。在第三期幼虫成熟并落地期间，每隔30天涂药1次，可收到良好效果。倍硫磷是杀灭皮蝇幼虫的特效药，对各期幼虫均有良效。肌内注射量为每千克体重7毫克，于每年11月份用药。在夏季可用0.25%的药液对牛体进行喷雾，还可用20%的溶液在牛背部涂擦。治疗时还可应用下列药物：各种剂型的伊维菌素每千克体重0.2毫克，皮下注射，对牛皮蝇幼虫的杀灭效果可达99.9%；蝇毒灵每千克体重10毫克，臀部肌内注射，对幼虫有较好杀灭作用；溴氰菊酯、氯氰菊酯、百树菊酯、氰戊菊酯的油乳剂加水稀释后喷洒牛体和畜舍，有驱避成蝇的作用。

【**诊疗注意事项**】本病的诊断一般无多大困难，但应与皮肤脓肿等皮肤病相鉴别。

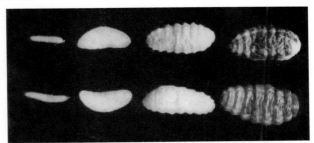

牛皮蝇蛆病

牛皮蝇的各期幼虫：从左至右，第一期幼虫、第二期幼虫、第三期幼虫和落地的第三期幼虫。（马学恩）

牛皮蝇蛆病

牛皮蝇第三期幼虫正从隆包中钻出，附近可见几个指头大的隆起的囊包。（马学恩）

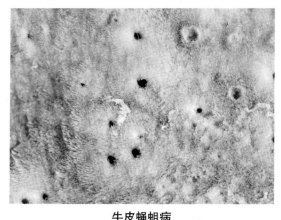

牛皮蝇蛆病

牛皮蝇的幼虫在背部皮肤形成的隆包和钻出的许多孔洞。（马学恩）

肉 孢 子 虫 病

肉孢子虫病是由牛肉孢子虫寄生于肌肉中引起的一种人兽共患性寄生虫病。临诊上常无明显症状或仅有轻微症状，如食欲减退、逐渐消瘦、贫血等。本病在我国流行很广，牛多因摄入被带虫粪便污染的饲草（料）和饮水而感染。

【病原】牛肉孢子虫主要有3种：牛犬肉孢子虫、牛猫肉孢子虫、牛人肉孢子虫，其终末宿主分别为犬、猫和人。寄生于肌肉组织中的虫体为孢子囊（米氏囊）与肌纤维平行，多呈纺锤形、卵圆形、圆柱形等，灰白色，大小不等。囊壁由两层构成，外层较薄，为海绵状结构；内层较厚，并向囊内延伸，将囊腔分隔成若干小室。发育成熟的孢子囊，小室中有许多滋养体（缓殖子），又称雷氏小体。

【典型症状与病变】一般无明显的临诊症状，严重感染时可出现消瘦、贫血、营养不良等非特异症状。宰后检验时常在肌肉中可见囊状虫体，如头颈部肌肉、心肌、舌肌、咬肌、膈肌，甚至脑组织。如虫体死亡、钙化，则形成灰白色斑点状硬结。

【诊断要点】生前难以确诊，但可试用横纹肌孢子虫体和虫囊的免疫学方法（如ELISA）做检验。同时，检验机体内有无肉孢子虫毒素可作为辅助诊断。死后可用病理学诊断法。

【**防治措施**】预防本病应切断传播途径，隔离中间宿主，防止动物粪便污染饲料和饮水，避免给狗等肉食类动物喂食肉孢子虫感染的牛、羊肉，禁止狗、猫进入牛舍，对病尸进行焚烧是有效的预防措施。同时应加强卫生管理及检疫工作，严防传染源进入牛、羊活动区。目前尚无特效药物，可试用吡喹酮、丙硫咪唑或甲苯咪唑。这些药物也可用于牛带吻绦虫病的治疗。

【**诊疗注意事项**】目前，关于家畜肉孢子虫病生前诊断的方法虽然很多，但都不太成熟，未能广泛应用于生产。血液凝集试验和ELISA试验等免疫学方法，是检验该病的最有效和简单易行的诊断方法，但还不很成熟。

肉孢子虫病

水牛膈肌寄生的肉孢子虫。（许益民）

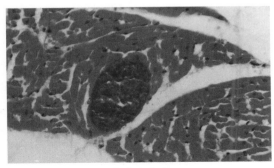

肉孢子虫病

寄生于牛心肌纤维（细胞）中的肉孢子虫（注意虫囊周围尚有少量红染的肌细胞浆），虫囊中隐约可见粗棒状蓝色滋养体。HE×400（陈怀涛）

贝诺孢子虫病

贝诺孢子虫病又称球孢子虫病，是牛、马、羚羊、鹿和骆驼的一种慢性寄生虫病。临诊上以皮肤脱毛和增厚为主要特征，不但降低皮肉质量，还可引起母牛流产和公牛精液质量下降。本病主要见于东北、河北和内蒙古地区。

【病原】牛的病原为贝诺孢子虫。其包囊寄生于病牛的皮肤、皮下、结缔组织、筋膜、浆膜、呼吸道黏膜和巩膜等部位。包囊色灰白、形圆，呈细砂粒样，包囊壁分两层，囊内含有大量缓殖子，呈新月形，核靠近中央。在急性病牛的血涂片中有时可见速殖子，其形态、构造与缓殖子相似。

【典型症状与病变】临诊上可分为三期。发热期：体温40℃以上，持续2～5天；反刍停止，下痢，皮下水肿，孕牛多流产，巩膜和鼻黏膜充血，可见针尖大、灰白色虫体包囊；流浆液性、化脓性或血脓性鼻液。脱毛期：被毛脱落，皮肤增厚、龟裂，肘、颈、肩部发生硬痂。干性皮脂溢出期：在发生过水肿的皮肤出现脱毛，并形成一层厚痂。公牛睾丸初期肿大，后期萎缩。

【诊断要点】①对重症病例，可根据症状和皮肤活组织检查便可确诊。在病变部位取皮肤表面的乳突状小结节，剪碎压片镜检，发现包囊或滋养体即可确诊；对轻症病例，可详细检查眼巩膜上是否有针尖大、灰白色结节状的包囊，也可夹住剪下镜检。②用病牛血液接种家兔，在兔发热期作血液涂片，镜检虫体。③死后剖检时在皮肤、皮下等部位检查0.5毫米大的灰白色包囊结节。

【防治措施】加强卫生防疫措施，消灭吸血昆虫。目前尚无有效治疗药物。

【诊疗注意事项】有人报道用1%锑制剂有一定疗效。氢化可的松对急性病例有缓解作用。国内利用从羚羊分离到的虫株，用组织培养制成的疫苗可用于免疫。

贝诺孢子虫病

牛病部皮肤增厚、粗糙、质硬。(Blowey RW 等)

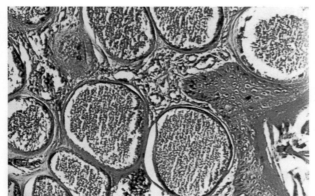

贝诺孢子虫病

皮肤内寄生的贝诺孢子虫包囊，囊壁厚，呈透明变性，囊内充满缓殖子。(刘宝岩等)

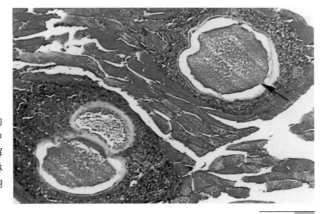

贝诺孢子虫病

骨骼肌内已坏死的贝诺孢子虫包囊，其中的缓殖子已死亡、崩解（↑），囊周围有大量淋巴细胞和嗜酸性粒细胞浸润。(刘宝岩等)

隐孢子虫病

　　隐孢子虫病是由隐孢子虫寄生于消化道上皮引起的一种人兽共患病。主要临诊症状是腹泻和脱水。病牛和感染牛是主要的传染源。4～30日龄的犊牛最易感染。卵囊主要经过消化道感染。

　　【病原】小球隐孢子虫和小鼠隐孢子虫为人兽共患的两个虫种。小鼠隐孢子虫寄生于胃黏膜上皮细胞，小球隐孢子虫寄生于肠黏膜上皮细胞。它们的孢子化卵囊内有四个裸露的子孢子和一个颗粒状残体。

　　【典型症状与病变】患牛精神沉郁、被毛粗乱、乏力、食欲减退、逐渐消瘦，有时体温略有升高。典型的症状为脱水和腹泻，粪便呈灰白色或黄色，有大量纤维素、血液、黏液。有些病例出现痉挛性腹痛、呕吐等症状。犊牛发病率一般在50%以上，死亡率可达16%以上。

　　【诊断要点】根据典型症状可怀疑本病，确诊要进行病原检查和动物试验。也可用免疫学方法进行诊断。病原检查：①组织切片染色法：取消化道黏膜，常规方法制片，HE染色，光镜观察。②粪便集卵法：取新鲜粪便与等量石炭酸品红液在载玻片上混匀，涂片，加盖玻片后油镜检查。动物试验：将可疑病料经口接种给1～5日龄易感动物，3天后检查试验动物粪便中有无卵囊，或6天后检查肠黏膜中有无虫体。

　　【防治措施】加强卫生管理，及时清除粪便，以防止带虫的粪便污染饲料和饮水。同时，要做好防寒保暖工作。目前尚无特效药物治疗，可进行对症治疗，如补液、防止脱水。一般用5%葡萄糖生理盐水1 000～1 500毫升、25%葡萄糖250～300毫升、5%碳酸氢钠液250～300毫升，一次性静脉注射，每天2～3次，再给患畜口服补液盐。

　　【诊疗注意事项】本病也可采用免疫学方法诊断。主要有凝胶试验法、单克隆抗体或多克隆抗体直接免疫荧光试验法和ELISA试验法。现在PCR技术已用于隐孢子虫病的诊断，具有高度敏感性和特异性。用抗球虫药、螺旋霉素等进行治疗也可取得较好的疗效。

隐孢子虫病

病犊因腹泻、脱水而死亡。(李晓明)

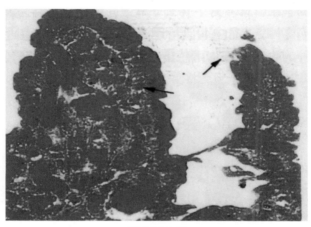

隐孢子虫病

小肠黏膜面及其绒毛内有许多微小的圆形隐孢子虫（↑），绒毛内血管强烈充血。（刘宝岩等）

牛 泰 勒 虫 病

　　牛泰勒虫病是由牛泰勒属的多种原虫寄生于牛、羊等动物巨噬细胞、淋巴细胞和红细胞内所引起的疾病的总称。本病主要发生于1～2岁牛，5～8月龄多发。其特征为贫血、出血，体表淋巴结肿大，稽留高热，病牛衰竭，病死率为50%。

【病原】我国牛泰勒虫病的主要病原是环形泰勒虫和瑟氏泰勒虫。牛体是泰勒虫的中间宿主，虫体在牛体内进行无性繁殖；蜱是终末宿主，虫体在蜱体内进行有性繁殖。

【典型症状与病变】本病多呈急性经过。病初，体温上升至39.5～41.8℃，体表淋巴结肿大、疼痛，呼吸、心跳加快，眼结膜潮红，不久可在颈浅、下颌淋巴结穿刺液涂片的淋巴细胞、巨噬细胞中发现大裂殖体（柯赫氏蓝体或石榴体），但在血液涂片中较难见到。随病情发展，虫体大量侵入红细胞，病情加剧，病牛精神委顿，食欲减退，反刍停止。体温可升高到40～42℃，呈稽留热型；鼻镜干燥，可视黏膜呈苍白或黄红色，贫血，并出现异常红细胞。病牛便秘、腹泻，粪中混有黏液或血液，显著消瘦，卧地不起，并在尾根、眼睑及其他皮肤柔嫩部位出现出血斑点。常在病后1～2周发生死亡。剖检见血液凝固不良，淋巴结肿大、出血，皮下有出血斑和黄色胶样浸润。脾脏肿大，被膜下有出血点或出血性结节。肝脏有灰白色结节或暗红色病灶。皱胃黏膜有出血斑点和大小不等的溃疡。此外，泰勒虫性结节可见于皮肤、肾脏、淋巴结等组织器官。镜检，可见主要器官有由网状细胞和淋巴细胞组成的结节。

【诊断要点】根据流行特点、症状、病变及淋巴结穿刺液涂片和血涂片检查发现泰勒虫，即可确诊。另据报道，人工感染牛淋巴结或脾脏内发现大量石榴体时，将其摘取作细胞培养，在体外培养数代，制备含有裂殖体的淋巴细胞冻干抗原作补体结合反应，特异性良好。

【防治措施】预防本病的关键是灭蜱。每年9～11月份，用0.2%～0.5%敌百虫或0.33%敌敌畏水溶液喷洒牛舍的墙缝和地板缝，消灭越冬的幼蜱。在2～3月份用敌百虫喷洒牛体，以消灭体表的幼蜱和稚蜱。5～7月向牛体喷药消灭成蜱。

放牧可避开蜱的活动季节，即4月下旬远离牛舍放牧，10月末返回。在此期间要封闭牛舍，做好灭蜱工作，并防止其他动物进入。

治疗要坚持早确诊、早治疗的原则。常用药物：

贝尼尔（三氮脒），每千克体重3～5毫升，用灭菌蒸馏水配成5%～7%溶液，臀部分点作深层肌内注射，每天1次，3～4次为一疗程，效果较好。

阿卡普林（盐酸喹啉脲），每千克体重1毫克，以灭菌蒸馏水或生理盐水配成1%～2%溶液，皮下注射。

　　纳嘎宁，每千克体重15～20毫克，用生理盐水配成10%溶液，煮沸消毒30分钟，作静脉注射。

　　新鲜青蒿，每天每牛用2～3千克，分2次口服。用法：将青蒿切碎，用冷水浸泡1～2小时，连渣灌服。

　　【诊疗注意事项】本病有体温升高、贫血、出血、血凝不良、水肿等主要症状和病变，因此，注意与炭疽、牛巴贝斯虫病、锥虫病等疾病相鉴别，治疗除应用上述药物外，一定要结合对症和支持疗法。

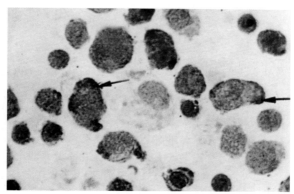

牛泰勒虫病

淋巴结涂片中淋巴细胞浆内见泰勒虫裂殖体（↑），此称石榴体或柯赫氏蓝体。Giemsa×330（刘宝岩等）

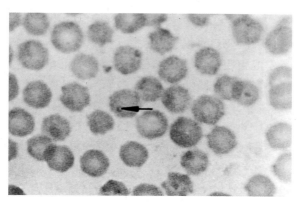

牛泰勒虫病

寄生于红细胞内的环形泰勒虫（↑），其形态多样，核位于一端。（刘宝岩等）

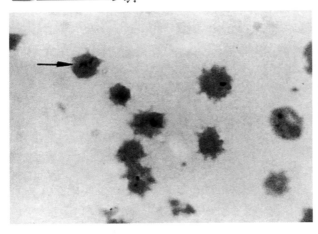

牛泰勒虫病

寄生于红细胞内的瑟氏泰勒虫（↑），主要呈杆形，也有圆形、椭圆形。Giemsa×330（刘宝岩等）

牛泰勒虫病

肾脏表面见散在的灰白色结节。（陈怀涛）

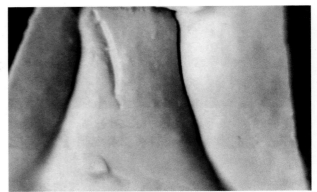

牛泰勒虫病

皱胃黏膜见许多大小不等的圆形溃疡，其中心凹陷、出血色红、外围隆起。（甘肃农业大学病理室）

牛泰勒虫病

淋巴结高度肿大，切面呈红褐色，并见大小不等的出血性坏死结节。（甘肃农业大学病理室）

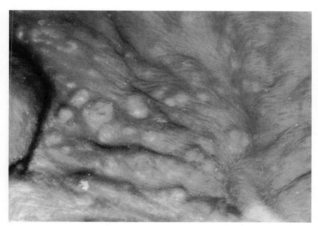

牛泰勒虫病

在皮肤表面，可见许多大小不等的增生性结节。（甘肃农业大学病理室）

牛泰勒虫病

脾被膜血管怒张，可见许多大小不等的圆形、出血性结节。（甘肃农业大学病理室）

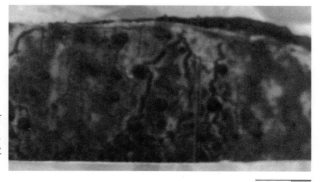

牛泰勒虫病

气管黏膜上的出血性结节。（甘肃农业大学病理室）

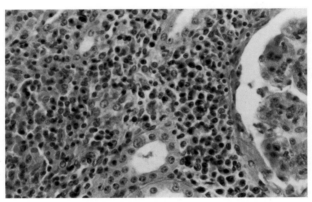

牛泰勒虫病

肾增生性结节在高倍镜下的变化：间质淋巴、网状细胞大量增生，局部肾小管坏死消失。HE×400（陈怀涛）

牛 球 虫 病

　　牛球虫病是由球虫寄生在肠道黏膜上皮细胞内引起的一种原虫性寄生虫病。其特征为急性出血性肠炎引起的带血的稀便。

　　【病原】寄生在牛体内的球虫有10种，其中9种为艾美耳属球虫，另一种为阿沙卡等孢球虫。在我国引起牛球虫病的病原主要是致病力最强的邱氏艾美耳球虫和致病力较强的牛艾美耳球虫。前者主要寄生在直肠，也可寄生在盲肠、结肠黏膜上皮细胞内，卵囊为圆形或椭圆形；后者寄生在小肠、盲肠和结肠黏膜上皮细胞内，卵囊呈椭圆形。

【典型症状与病变】潜伏期为2～3周，多呈急性经过。病程一般10～15天，个别1～2天死亡。病初，病牛精神沉郁、粪便稀薄并混有血液。约1周后，症状逐渐加剧，精神委顿，食欲废绝，消瘦，喜躺卧，体温上升到40～41℃，瘤胃蠕动和反刍完全停止，肠蠕动增强，呈进行性腹泻，稀便中带有血液、黏液和纤维素性假膜，有恶臭。病至后期，粪便呈黑色，病牛极度消瘦、衰竭而死亡。慢性病例可长期下痢，便血，消瘦，也可发生死亡。剖检见明显的出血性大肠炎，肠上皮坏死、脱落，残存细胞内有不同发育时期的球虫。

【诊断要点】根据流行特点（2岁以下犊牛多发，主要流行于4～9月温暖潮湿的季节）、症状（血性粪便）与病变（出血性肠炎）可做出初步诊断。粪便和直肠刮取物检查，如发现大量球虫卵囊即可确诊。

【防治措施】本病流行地区应采取隔离、治疗、消毒等综合性预防措施。因成年牛多为带虫者，所以应把犊牛和成年牛分群饲养，分草场放牧。发现病牛要进行隔离治疗。牛舍和运动场要经常打扫，保持卫生干燥，粪便、垫草要进行生物发酵以杀死卵囊。可用热水或3%～5%热碱水消毒地面、牛栏、饲槽、水槽，保持饲草、饲料、饮水清洁卫生。更换饲料或变换饲养方式应逐渐进行，以防诱发本病。也可用药物进行预防：氨丙啉125～250毫克/千克，拌饲料，连用21天；莫能菌素每千克体重1毫克，拌料，连用33天。

治疗可用下列药物：

氨丙啉，每千克体重25毫克，口服，每天1次，连用4～5天；莫能菌素或盐霉素，20～30毫克/千克，拌料饲喂；结合止泻、强心和补液等对症疗法。

【诊疗注意事项】本病主要症状是腹泻，故应与大肠杆菌病、副结核病及沙门氏菌病相鉴别。

牛球虫病

牛结肠黏膜充血、出血，有较多黏糊状红色内容物。（陈怀涛）

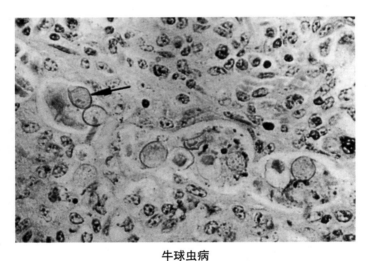

牛球虫病

犊牛大肠肠腺上皮细胞内见不同发育阶段的球虫（↑）寄生。（刘宝岩等）

第三部分　普　通　病

乳　腺　炎

　　乳腺炎或称乳房炎，是奶牛和奶山羊最常见的一类疾病，其特征是乳腺组织发生各种炎症反应，乳量和乳汁的理化性质也发生改变。

　　【病因】引起乳腺炎的主要原因是病原微生物感染，常见的有金黄色葡萄球菌、乳房炎链球菌、停乳链球菌、无乳链球菌、大肠杆菌、沙门氏菌、结核分支杆菌等。此外，理化因素、中毒和乳汁积滞也是引起本病的常见原因。

　　【典型症状与病变】乳腺炎症状因炎症种类不同而异。急性乳腺炎的一般症状是炎症区红、肿、热、痛，乳汁稀薄，含有絮状物、乳凝块、脓汁或血液，乳量减少或停止；重症乳腺炎病牛精神沉郁、食欲减退、体温升高。慢性乳腺炎、隐性乳房炎无明显临诊症状，但奶产量下降，乳中白细胞数增多，乳汁变为偏碱性。有的慢性乳腺炎可见乳腺缩小，质硬，甚至可摸到硬结节。

　　【诊断要点】根据症状和病理变化、产乳量和乳汁的性质，结合乳汁微生物检查可做出诊断。

　　【防治措施】预防：①加强饲养管理，保持厩舍清洁。②要特别保持乳房外部的卫生，每次挤奶前用干净的温水洗净乳房和乳头，同时进行适当按摩，再用0.1%高锰酸钾液擦净乳房和乳头。奶挤完后，用0.5%的碘液或3%次氯酸钠液浸泡乳头。③挤奶器及用具使用前应拆洗、消毒。④干奶期的防治是控制乳腺炎的有效措施，能明显降低乳腺炎的发病率。在干奶前最后一次挤奶后，向4个乳池注入适量广谱、长效的抗菌药物,如复方(长效)青霉素油剂、干奶安等。⑤淘汰慢性乳腺炎病牛,坚持自繁自养。⑥利用隐性乳腺炎检测试纸定期进行隐性乳腺炎检测,并对阳性牛进行治疗。

治疗:对尚未查明病原微生物的乳腺炎,可先用广谱抗生素或青链霉素并用,或磺胺类药物注入乳池进行治疗。查明病原后,改用针对性强的抗生素治疗。如出现全身反应的乳腺炎,应采取全身抗生素治疗法,剂量为青霉素每千克体重1万～2万国际单位、土霉素每千克体重10毫克、泰乐霉素或红霉素每千克体重12.5毫克。局部疗法:用10%酒精鱼石脂、10%鱼石脂软膏、安得列斯糊剂涂布患区;或用青霉素40万国际单位、链霉素50万～100万单位、蒸馏水50～100毫升,一次注入乳头内,每天2次。也可采用中药疗法。

乳腺炎

急性乳腺炎:牛左侧乳腺肿大、潮红、有痛感。(陈怀涛)

乳腺炎

急性乳腺炎:乳腺红肿,乳汁稀薄,并含乳凝块。(李晓明)

乳腺炎

慢性乳腺炎：左侧乳腺质硬缩小，乳房皮肤不平，有皱襞，另侧乳房大小基本正常。（张守信）

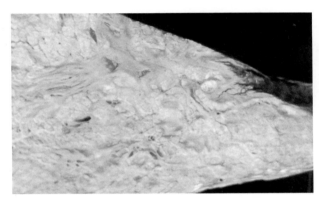

乳腺炎

化脓性乳腺炎：在病变乳腺的切面，可见许多灰白色化脓性病灶，但尚未形成眼观可见的脓肿。（甘肃农业大学兽医病理室）

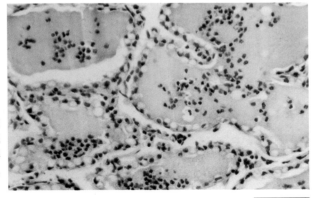

乳腺炎

急性乳腺炎：组织切片检查时，可见乳腺腺泡中充满淡红色浆液，其中有不少中性粒细胞。HE×400（陈怀涛）

卵 巢 囊 肿

在卵泡或黄体内有多量液体性分泌物积聚时称为卵巢囊肿。按囊肿的发生部位和性质，可分三种，即卵泡囊肿、黄体化卵泡囊肿和黄体性囊肿。病理性卵泡囊肿通常是指卵泡囊肿和黄体化卵泡囊肿。本病多见于牛、猪。奶牛的卵巢囊肿主要发生在第4～6胎产奶量高峰期，并以卵泡囊肿为主。

【病因】本病的原因较多，但主要为内分泌失调所致。当促黄体素（LH）分泌不足或促卵泡素（FSH）分泌过多时，使卵泡过度生长而不能正常排卵和形成黄体。此外，饲料中硒缺乏、维生素A缺乏或含有多量雌激素，卵泡发育过程中气温骤变，牛体虚弱和营养不良，过度使役，子宫内膜炎，高产奶量及干奶期过肥牛等均易引起卵巢囊肿。此外，本病的发生还可能与遗传有关。

【典型症状与病变】病牛常表现反复或持续发情，同时出现慕雄狂症状，如追逐或爬跨公牛和同群其他母牛。病重者外貌雄性化。此外，阴唇肿胀，阴门流出黏液。直肠检查时可发现卵巢有一个或数个球形囊肿，直径1厘米至几厘米，囊壁紧张，压之有波动感。

患黄体化卵泡囊肿的牛，主要表现长期不发情。直肠检查时可发现囊肿通常只有一个，大小与卵泡囊肿相似，但囊壁紧张度较低。

【诊断要点】本病可根据典型症状，结合直肠检查做出诊断。

【防治措施】对舍饲高产奶牛，加强饲养管理，适当增加运动，减少挤奶量。主要采用激素疗法。如促黄体素，一次肌内注射100～200国际单位（25毫克），对卵泡囊肿和黄体化囊肿均适用，一般在注射后3～6天，囊肿即可形成黄体，症状随之消失；15～30天恢复正常发情周期。促黄体素释放激素，一次静脉注射25微克；绒毛膜促性腺激素1 000～5 000国际单位，一次肌内注射。

【诊疗注意事项】发情是母牛生理现象，只有当发情过度持久时，才可认为是病理现象，注意二者之区分。

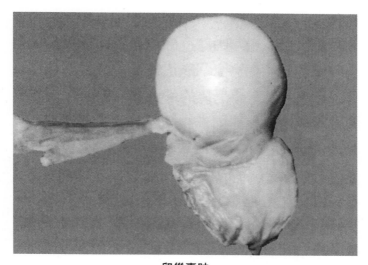

卵巢囊肿

一个高度涨大的卵泡，形圆，壁薄，内含清亮液体。（李晓明）

乳池与乳头管狭窄

乳池与乳头管狭窄是指乳池腔变小或乳头管狭窄的疾病，严重时可完全闭锁。奶牛比较常见，多发生于一个乳头。

【病因】本病的主要原因为乳池与乳头管黏膜及其周围组织的慢性增生性炎症。

【典型症状与病变】乳房内乳汁充满但乳池内少乳或无乳，挤奶时乳汁流出不畅或完全缺如，乳导管插入受阻等。触摸时感到乳池或乳头管硬实，有时有硬肿块形成。

【诊断要点】根据典型症状和病变可做诊断。

【防治措施】平时注意保持乳房卫生，防止感染，尤其应防止乳池与乳头管组织发生慢性炎症。本病常无理想的治疗方法，必要时可施行外科手术。

【诊疗注意事项】临诊上应注意与乳池和乳管炎鉴别诊断。

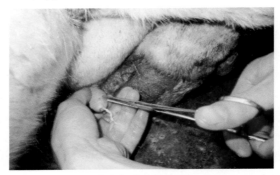

乳池与乳头管狭窄

由于乳管狭窄，故乳汁排出不畅，斜向流出。（李长安）

妊娠毒血症

牛妊娠毒血症又称肥胖母牛综合征或脂肪肝病，是由于母牛怀孕期间过度肥胖，在分娩前后出现以食欲降低、精神沉郁和虚弱为特征的代谢性疾病。

【病因】主要原因是怀孕牛在泌乳后期或干奶期饲喂高能日粮，如饲料中谷物或青贮玉米过多，使妊娠后期过于肥胖，在分娩、泌乳等应激作用下可诱发本病。在饲喂高能日粮的肉牛，如妊娠末期日粮短缺或采食量减少，不能满足母体和胎儿能量需要时，可导致体脂大量分解而发病。另外，怀双犊母牛钙不足或大量寄生虫感染的情况下，也易发病。

【典型症状与病变】肥胖肉牛多在产前发病，表现烦躁不安、兴奋、共济失调、粪便干少，或精神沉郁、食欲废绝、鼻镜干燥、呼吸加快、卧地不起、粪稀且有恶臭等。最后昏迷死亡。

肥胖奶牛常发生于分娩后。表现食欲废绝、卧地不起，并发生严重的酮病，但按酮病治疗几乎无效。有的病牛出现抬头、头颈部肌肉震颤等神经症状。最后昏迷、心搏过速而死亡。剖检可见明显的肝脂肪变性和肾脂肪变性变化。

【诊断要点】病牛在发病前比较肥胖，膘情好。肉牛在产前、奶牛在产后突然出现食欲废绝和卧地不起等症状时就应怀疑本病。血液生化指标测定有助于诊断（血中葡萄糖含量降低，总酮体含量增高，血清总蛋白减少等）。

【防治措施】预防：在怀孕中后期供给平衡日粮，增加运动，防止牛过度肥胖，是预防本病的关键。在妊娠后期，特别是干奶期降低能量的供给。日粮中充足的碳水化合物、维生素和矿物质能有效地预防本病的发生。

治疗：本病目前无特效疗法。静脉注射葡萄糖和葡萄糖酸钙，同时配合糖皮质激素、维生素B_{12}、丙二醇等有一定效果。也可灌服健康牛瘤胃液5～10升。

【诊疗注意事项】本病重在预防，治疗虽无特效药物，但可采用补糖、保肝、解毒的治疗方法。本病应与产后瘫痪、酮病相鉴别。

妊娠毒血症

肝脏肿大，质地脆软，色红黄。（李晓明）

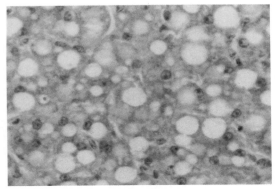

妊娠毒血症

肝脂肪变性：肝细胞浆有大小不等的空泡，空泡界限明显，有的肝细胞已变为一个大空泡。HE×400（李晓明）

酮　病

酮病又称醋酮血病、酮血病或酮尿病，是由于体内碳水化合物及挥发性脂肪酸代谢紊乱所引起的一种疾病，其特征是血液、尿、乳中的酮体含量增高，血糖浓度下降，消化机能紊乱，间有神经症状。本病多发于产犊后20天内，最迟不超过6周。以3～6胎母牛和产乳量高的母牛多发。

【病因】酮病主要由于糖供给不足，脂肪大量分解所致。由于日粮中营养不平衡和供给不足，如大量采食高蛋白、高脂肪和低碳水化合物饲料，或低脂肪、低蛋白、碳水化合物也不足的饲料，引起能量负平衡，产生大量酮体而发病。产前过度肥胖，严重影响产后采食量的恢复，同样可引起能量负平衡，产生大量酮体而发病。另外，酮病的发生与肝脏疾病以及矿物质如钴、碘、磷缺乏等也有关。

【典型症状与病变】消化道型：最常见，表现为消化紊乱，病牛厌食精料和青贮料，喜吃干草，精神沉郁，迅速消瘦，产奶量也降低。乳汁易形成泡沫，乳、呼出气体和尿液中有酮体气体。神经型：常有不同程度的神经症状，如兴奋不安，转圈运动，横冲直撞，不久即转为抑制，神情淡漠，对刺激缺乏反应。产后瘫痪型：分娩后数天发生，后肢轻瘫，往往不能站立，有时头曲于颈侧而呈昏迷状态。继发型：继发于皱胃、子宫、肝脏、乳腺等疾病，其症状因原发病而不同。剖检可见肝脏等器官明显脂肪变性。

【诊断要点】根据饲养情况、瘫痪出现的时间、减食、产奶量降低、神经症状和呼出丙酮气味等，可做出初步诊断，通过血酮、尿酮、血糖等化验结果，便可确诊。

【防治措施】预防：防止在泌乳结束前牛体过肥，保持粗料和精料的合理比例，避免给予质量低劣的青贮料，特别是丁酸发酵的青贮料，适当增加乳牛运动。此外，在酮病的高发期喂服丙酸钠有较好的预防效果。

治疗：静脉注射50%葡萄糖溶液500毫升，效果明显，但须重复注射，否则可能复发。重复给予丙二醇或甘油（每天2次，每次500克，用2天；随后每天250克，用2～10天），灌服或饲喂，效果很好。

乳酸钙、乳酸钠和乳酸铵都有一定疗效。对于体质较好的病牛，用促肾上腺皮质激素（ACTH）200～600国际单位，肌内注射，效果确实。用糖皮质激素（剂量相当于1克可的松，肌内注射或静脉注射）治疗酮病也非常满意。对神经型酮病，可静脉注射25％硫酸镁200～500毫升，或20％葡萄糖酸钙注射液250毫升。

酮　病

病牛卧地、瘫痪，头偏向一侧。（刘安典）

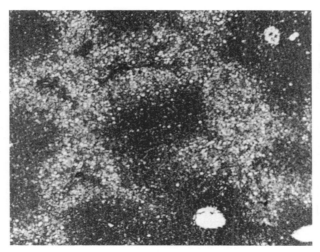

酮　病

肝脂肪变性：脂肪变性主要位于汇管区周围的肝细胞，呈带状分布，故小叶轮廓明显。HE（Mouwen JMVM等）

生　产　瘫　痪

生产瘫痪又称产后瘫痪，是母牛分娩前后突然发生的以昏迷和瘫痪为主要特征的代谢性疾病，多发生于营养良好、5～9岁的高产奶牛。

【病因】其原因尚未完全认识。大多认为主要是由于甲状腺功能衰竭，引起血钙调节功能失调所致。

【典型症状与病变】早期，表现兴奋不安，采食、排尿和排粪停止，头部和四肢震颤。以后出现四肢僵硬，站立困难，伏卧，瘫痪，头颈呈S状弯曲，或向后转并置于肩胛骨呈胸卧式姿势，四肢屈于躯干下。后期，病牛处于高度软弱和抑制状态，臌气，体温下降至35～36℃，心率频数而微弱，瞳孔散大，若不及时治疗，常可致死。

【诊断要点】①根据年龄和营养状况。②主要症状：分娩前后发病。头颈呈S弯曲，后躯瘫痪，沉郁至昏睡，头弯向体侧。③急性低血钙症。

【防治措施】分娩前限制日粮中钙的含量和分娩后增加钙含量是预防本病的有效措施。建议在分娩前4～5周内，将牛日粮中的钙镁比例调整到1：（3～10）；在分娩前2～6天，肌内注射维生素D₃ 1 000万国际单位；或分娩后5～7天开始将维生素D₃ 2 000万～3000万国际单位，连日混入日粮饲喂，都有良好效果。治疗本病以提高血钙含量和减少钙的流失为主。可用20%～30%的含4%硼酸的葡萄糖酸钙溶液缓慢静脉注射（至少需10～20分钟），牛一次量为100～200毫升。也可将空气打入乳房，增大乳房内压，减少泌乳和血钙流失。

【诊疗注意事项】本病根据主要症状即可作出诊断，必要时可检查血钙含量，牛血钙降低至每升3.9～6.9毫克（正常值为每升9～12毫克）即可认为本病。在用乳房增压治疗时，若有乳房炎，可先用抗生素治疗。

表2　奶牛三种类似疾病的鉴别

名称	多发年龄与时间	主要症状	其他症状与病变
妊娠毒血症	肥胖肉牛：多在产前 肥胖奶牛：多在产后	食欲废绝，精神沉郁，卧地不起	呼吸、心跳加快，头颈肌肉震颤，血糖低、酮体高、血蛋白低，肝脂肪变性

（续）

名称	多发年龄与时间	主要症状	其他症状与病变
酮病	3~6胎的母牛和高产奶牛，产后20天内	乳、尿、血酮增高，血糖低，厌食精料与青贮料，喜食干草，产奶量降低	精神沉郁，消瘦，瘫痪，神经症状，乳易形成泡沫，肝脂肪变性
生产瘫痪	5~9岁营养良好的高产奶牛，分娩前、后，尤其产后头3天	瘫痪，头颈呈S状弯曲或向体侧弯曲，沉郁，血钙降低	病程短（一般为1天），食欲、反刍、排粪、排尿停止，精神沉郁，肌肉震颤，反射微弱，心跳频数、微弱，昏睡

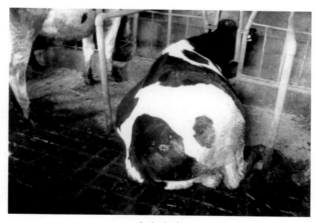

生产瘫痪

病牛卧地、头颈至鬐甲部，呈S形弯曲。（崔中林）

胎 衣 不 下

胎衣不下也称胎衣滞留。在正常情况下，母牛分娩后的胎衣排出时间一般不超过3～5小时。若经8～12小时仍不排出胎衣，即为胎衣不下。

【病因】主要原因有两个方面，一是产后子宫收缩无力，主要因为怀孕期间饲料单纯，缺乏无机盐、微量元素和某些维生素，或是怀双胎、胎儿过大及胎水过多，使子宫过度扩张；二是胎盘炎症，怀孕期间子宫受到感染而发生隐性子宫内膜炎及胎盘炎,母体胎盘与胎儿胎盘发生粘连。此外,流产和早产等原因也能导致胎衣不下。

【典型症状与病变】胎衣不下可分为部分胎衣不下与全部胎衣不下。部分胎衣不下是指一部分从子叶上脱下并断离,其余部分停滞在子宫腔和阴道内,一般不易觉察,有时发现弓背、举尾和努责现象。全部胎衣不下即全部胎衣停滞在子宫和阴道内,仅少量胎膜垂挂于阴门外。

在胎衣不下初期,多无全身症状,经 1～2 天后,停滞的胎衣开始腐败分解,从阴道内排出污红色、混有胎衣碎片的恶臭液体,并出现败血性子宫炎和毒血症,患牛表现体温升高、精神沉郁、食欲减退、泌乳减少等。

【诊断要点】产后 12～24 小时无胎衣排出或仅排出部分胎衣时,即可做出诊断。

【防治措施】治疗方法可采用药物疗法和手术剥离疗法。药物治疗的目的在于促进子宫收缩,加速胎衣排出。最好在产后 8～12 小时皮下或肌内注射垂体后叶素 50～100 国际单位。如分娩超过 24～48 小时,则效果不佳。也可注射催产素 10 毫升(100 国际单位),麦角新碱 5～15 毫克。手术剥离时先用温水灌肠,再用 0.1% 高锰酸钾液洗净外阴,后用左手握住外露的胎衣,右手顺阴道伸入子宫,寻找子叶。先用拇指找出胎儿胎盘的边缘,然后将食指或拇指伸入胎儿胎盘与母体胎盘之间,把它们分开,至胎儿胎盘被分离一半时,用拇指、食指、中指握住胎衣,轻轻一拉,即可完整地剥离下来。如粘连较紧,必须慢慢剥离。操作时应由近向远,循序渐进,越靠近子宫角尖端,越不易剥离,尤须细心,力求完整取出胎衣。

【诊疗注意事项】当孕牛分娩刚一破水时,可立即接取羊水 300～500 毫升,于分娩后立即灌服,可促使子宫收缩,加快胎衣排出。

胎衣不下

病牛阴门悬吊部分胎衣,大部分仍滞留于子宫内。(李长安)

脐　　炎

脐炎是由于新生犊牛脐带残端感染而发生的脐血管及其周围组织的炎症。

【病因】助产时脐带及所用器械消毒不严，产房卫生不良，脐带被犊牛相互舔吮或被尿液浸渍（公牛）等，都可使脐带感染而发炎。

【典型症状与病变】脐炎分脐带血管炎和脐带坏疽。

脐带血管炎：病牛拱背，不愿行走，精神沉郁，食欲减退，有时体温升高；脐部热肿、疼痛，在脐带中央或根部皮下可触摸到铅笔杆到小拇指粗细的硬索状物，有时可挤出黏稠的脓汁，或在脐孔周围黏附有脓性分泌物。

脐带坏疽：脐带断端肿胀、疼痛、恶臭、化脓，呈污红色，严重者肿胀可波及临近腹部组织，或形成蜂窝织炎，个别可发展为脓毒败血症，故出现体温升高、精神沉郁等全身症状。

【诊断要点】根据新生犊牛的症状与脐带断端及脐孔附近组织的病理变化即可做出诊断。

【防治措施】保持产房清洁卫生，接产时手术器械及手术者手指应严格消毒，注意脐带的保护，防止脐带被犊牛相互舔吮或被尿液等污物浸渍感染。

治疗时分别作如下处理：

脐带血管炎：以5%碘酊涂抹局部组织后，于脐孔周围皮下注射抗生素。

脐带坏疽：彻底清除坏死组织，用碘仿醚（1∶10）涂抹，使其干燥，或用石炭酸、硝酸银等药物腐蚀后，撒布高锰酸钾硼酸粉（1∶3），用纱布绷带包扎。

【诊疗注意事项】当脐炎发展成化脓或形成脓肿时，应手术切开，按照化脓创进行处理；对体温升高、蜂窝织炎或败血症病例，除局部处理外，还应及时实施全身治疗。

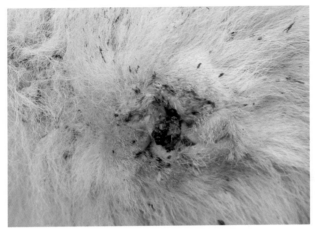

脐 炎

犊脐孔部组织肿胀，内含脓液。（张守信）

瘤胃酸中毒

　　瘤胃酸中毒是因突然食入过量的谷类或其他富含碳水化合物的饲料后，在瘤胃内产生大量乳酸而引起的一种急性代谢性酸中毒。

　　【病因】当突然食入过量富含碳水化合物的谷物饲料（如大麦、小麦、玉米、稻谷、高粱）及块根、块茎类饲料（如甘薯、马铃薯等）后可在瘤胃内异常发酵，产生大量乳酸，破坏瘤胃内正常微生物区系平衡，导致瘤胃生物学消化功能障碍，故瘤胃酸度增高，渗透压增加，蠕动力降低等。

　　【典型症状与病变】最急性病例，常在采食谷类饲料后 3～5 小时突然发病，食欲废绝，反刍与瘤胃蠕动停止，腹胀，脱水，卧地，心衰，休克死亡。病情较严重时，鼻镜干燥，食欲废绝，反刍停止，空嚼，流涎，磨牙，瘤胃蠕动音减弱或消失，瘤胃内容物呈捏粉样质感。呼吸急促，每分钟达 50 次以上；脉搏增数，每分钟达 80～100 次。瘤胃 pH5～6，纤毛虫明显减少或消失。重剧病例，尚见明显的神经症状，如兴奋不安等。病至后期，意识不清，各种反射均减弱甚至消失。全身症状加重，精神沉郁，粪便稀软、有酸臭味。后肢麻痹、瘫痪、卧地不起；角弓反张，昏迷而死。

【防治措施】

预防：加强饲养管理，合理调制与加工饲料，正确组合日粮，严格控制谷物精料的饲喂量，防止偷吃精料。

治疗：用大口径胃管以1%～3%碳酸氢钠液或5%氧化镁液、温水反复冲洗瘤胃，冲洗后瘤胃内可投服碳酸氢钠或氧化镁300～500克。轻症病例，特别是群发时，可将氢氧化镁、碳酸氢钠各300～500克，加水4～8升，灌服。重剧病畜做瘤胃切开术，排空内容物，用3%碳酸氢钠或温水洗涤瘤胃数次，再给予正常瘤胃内容物1～20升。

脱水病畜，用5%葡萄糖氯化钠液或复方氯化钠液3 000～4 000毫升，一次静脉注射；酸中毒病畜，一般用5%碳酸氢钠1 000～2 000毫升，一次静脉注射。

【诊疗注意事项】本病的症状和有的前胃疾病相似，应注意鉴别。

瘤胃酸中毒

犊牛过食牛奶引起的瘤胃酸中毒，病至后期卧地不起，张口呼吸，舌黏膜发绀。

（赵宝玉）

瘤胃酸中毒

过食玉米引起的瘤胃酸中毒，病牛卧地不起，回头顾腹，脱水，眼球下陷。（赵宝玉）

急性瘤胃臌气

急性瘤胃臌气也称急性瘤胃臌胀，是因牛采食了大量易发酵的饲料，在瘤胃中产生大量气体而引起，多见于春末、夏初放牧的牛只。此外，食管阻塞或狭窄不能嗳气时可引起继发性瘤胃臌气，多呈慢性。

【病因】主要是食入大量易发酵的青绿多汁饲料（如苜蓿、紫云英、三叶草等）、霜冻与霉变饲料、谷物精料、酒糟等。

【典型症状与病变】病牛腹部迅速膨大，左肷部明显突出，触诊紧张性增加，叩诊呈鼓音。瘤胃蠕动力减弱，次数减少。呼吸困难，心跳加速，可视黏膜发绀，如不及时治疗，可因窒息和血液循环严重障碍而死亡。剖检可见瘤胃高度膨大，充满大量气体和含气泡的糊状内容物。右心扩张，充满凝固不良的黑红色血液。肺瘀血、气肿。颈静脉及皮下血管明显瘀血，肝、脾、肾多贫血。

【诊断要点】根据病史和左腹部高度膨大臌气的症状，可做出诊断。

【防治措施】防止牛只食入大量易于发酵产气的青绿饲料、变质饲料、谷物饲料等是最重要的预防措施。放牧或饲喂青绿饲料前，先喂青干草短期过渡，以免饲料突然改变引起牛只过食。治疗原则是迅速排出胃内气体，制止胃内容物发酵。

（1）插入胃管放气，或用5%碳酸氢钠溶液10 000毫升洗胃。必要时进行瘤胃穿刺放气。

（2）轻症时灌服来苏儿20毫升（或40%甲醛液10毫升，或氧化镁250克），水500～1 000毫升。

（3）重症时灌服石蜡油500毫升，鱼石脂10克，酒精50毫升，水500～1000毫升，必要时30分钟后再灌服一次。

【诊疗注意事项】穿刺放气在左肷部实施。放气整个过程和拔针头时一定要紧压穿刺部的腹壁，使腹壁紧贴瘤胃壁，以防瘤胃内容物进入腹腔引起腹膜炎。放气后从针头注入止酵防腐药物。拔出针头后，针孔用碘酒清毒。

前 胃 弛 缓

前胃弛缓是指饲养管理不良使前胃兴奋性和收缩力降低而导致前胃食物大量积聚、扩张的疾病。其特征是食欲、反刍与嗳气功能障碍，前胃蠕动力减弱，甚至继发酸中毒。

【病因】主要为饲养管理不良，如饲料单一，长期饲喂难以消化的饲料（如秸秆、麸皮），久喂精料而运动不足，饲喂霉变、冰冻、缺乏矿物质的饲料等，都可使消化功能紊乱和前胃收缩力降低而引发本病。瘤胃臌气、瘤胃积食、胃肠炎等疾病也可引起继发性前胃弛缓。

【典型症状与病变】急性前胃弛缓时，前胃因大量食物积聚而扩张，食欲废绝，反刍停止，瘤胃蠕动力减弱或停止；瘤胃内容物发酵，产生气体，故左腹增大，触诊感内容物不坚实。慢性前胃弛缓时，病牛精神沉郁，被毛粗乱，四肢无力，喜欢卧地，食欲减退，反刍缓慢，瘤胃蠕动力减弱，蠕动次数减少。如为继发性前胃弛缓，常伴有原发病的症状，如继发于胃肠炎，则有肠蠕动增强和腹泻症状。本病主要病变为瘤胃、网胃与瓣胃均充满大量食物而扩张，周围脏器处于贫血或瘀血状态。

【诊断要点】根据症状和临诊检查可做出诊断。

【防治措施】合理科学饲养管理是预防本病的关键。不要饲喂单一饲料、难消化或霉败变质的饲料等，治疗方法如下：

（1）如由过食引起者，可采用饥饿疗法，即禁食2～3次，再供给易消化的饲料。

（2）药物疗法：先用泻剂清理胃肠：硫酸镁150～200克，石蜡油500～1 000毫升，番木鳖酊10～20毫升，大黄酊50～100毫升，加水2 000～3 000毫升，一次灌服。

再用瘤胃蠕动兴奋剂和防腐止酵剂：10%氯化钠溶液100～200毫升，10%氯化钙注射液50毫升，生理盐水500毫升，混合静脉注射，或2%毛果芸香碱注射液5毫升，皮下注射。也可用酵母粉50克，红糖50克，酒精50毫升，陈皮酊30毫升，加水适量，混合灌服。为防酸中毒，也可在上述混合剂中加入碳酸氢钠50～60克。

【诊疗注意事项】本病的症状与瘤胃及其他胃的疾病有不少相似，注意鉴别。本病如为继发性前胃弛缓，应同时治疗原发病。

创伤性网胃腹膜炎

创伤性网胃腹膜炎是由于尖锐的金属异物混杂在饲料内，被误食后进入网胃，穿入网胃壁和腹膜并引起炎症的一种疾病。本病主要发生于舍饲的奶牛、肉牛和耕牛。

【病因】主要是采食了混有尖锐的金属异物（如碎铁丝、铁钉、钢笔尖、回形针、大头针、缝针）的饲草、饲料而引起。

【典型症状与病变】病初前胃弛缓，泌乳量急剧下降；体温升高；拱背站立，肘外展，不愿运动，卧地、起立时极为谨慎；牵病牛行走时，不愿上下坡、跨沟或急转弯。网胃区触诊，病牛疼痛不安。

严重网胃腹膜炎时，全身症状明显，体温升高至40～41℃，脉搏增快至90～140次/分，呼吸数可达40～80次/分。食欲废绝，泌乳停止，粪便稀软而少，胃肠蠕动音消失。病畜不时呻吟，在起卧和强迫运动时更加明显。病畜不愿起立或走动。有创伤性心包炎时，心音模糊，有拍水音，颈静脉怒张、搏动，胸前皮下常有水肿。

在慢性病例，被毛粗乱无光泽，消瘦，间歇性厌食，瘤胃蠕动减弱，间歇性轻度臌气，便秘或腹泻，久治不愈。

病初，白细胞总数升高，可达$11 \times 10^{9} \sim 16 \times 10^{9}$个/升；中性粒细胞增至45%～70%，核左移。慢性病例，血清球蛋白升高，白细胞总数中度增多。

【诊断要点】通过症状、网胃区触诊、X线检查、金属探测器检查可做出诊断。而症状不明显的病例需要辅以实验室检查和超声波检查才能确诊。

【防治措施】预防：加强饲养管理，经常清除牛舍周围的金属异物；在饲料加工过程中，注意防止金属异物混入。饲喂前，将饲料通过电磁筛，以除去其中的金属异物。

治疗：早期发现的典型病例，可用抗生素（土霉素、青霉素、链霉素、四环素等）与磺胺类药物治疗，如土霉素（每千克体重6.6～11毫克），静脉或腹腔注射。未造成创伤性心包炎或腹膜炎之前，可用手术切开瘤胃，从网胃壁上摘除异物。严重或疗效较差的病例，应尽早淘汰。

【诊疗注意事项】造成创伤性心包炎时，很难进行手术，建议尽早淘汰。异物刺痛可引起运步小心或不愿运动及消化障碍等症状，这在临诊时应特别注意。本病应与一些消化道疾病相鉴别。

创伤性网胃腹膜炎
病牛不愿行走，下坡缓慢，前肢分开。（陈怀涛）

创伤性网胃炎腹膜

　　病牛胸前与颌下部水肿。（张国仕）

创伤性网胃腹膜炎

　　网胃黏膜皱襞被一铁钉穿通。（陈怀涛）

创伤性网胃腹膜炎

　　异物刺入心包，引起心包积液，心包浆膜的壁层与脏层（心外膜）表面有大量纤维素沉着。（甘肃农业大学兽医病理室）

创伤性网胃腹膜炎

异物穿透心壁，刺入心室，导致心肌穿孔。（甘肃农业大学兽医病理室）

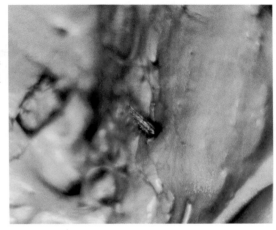

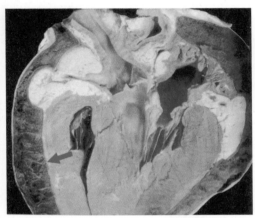

创伤性网胃腹膜炎

异物穿透心壁后，心室血液流入心包，引起心包腔积血（↑）。（甘肃农业大学兽医病理室）

创伤性网胃腹膜炎

在慢性病例的心脏横切面上，心肌外的心包腔渗出物已被肉芽组织机化，形成厚层、环形、灰白色的结缔组织（↑）。（甘肃农业大学兽医病理室）

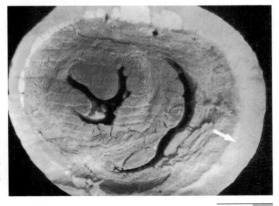

皱 胃 变 位

皱胃变位是指皱胃的正常解剖学位置发生改变。临诊上皱胃变位分两种类型，即左方变位和后方变位或右方变位。习惯上把左方变位称为皱胃变位，把右方变位称为皱胃扭转。皱胃左方变位主要发生于奶牛，特别是高产奶牛，4～6岁和冬季舍饲期间的奶牛尤为多发。本病常见于泌乳早期，大多发生在分娩后泌乳的第一个月，分娩后8天内是发病高峰期。临诊特征为消化机能障碍，右肷窝下陷，左侧腹下部局限性膨大及听诊有钢管音或金属音。右方变位是指皱胃顺时针扭转到瓣胃的后上方，置于肝脏与右腹壁之间。其临诊特征为皱胃呈亚急性扩张、积液、膨胀，腹痛，碱中毒与机体脱水。多发生于成年奶牛，常见于产后3～6周。

【病因】有人认为，皱胃弛缓是皱胃发生膨胀和变位的病理学基础。有人则认为皱胃机械性转移可致皱胃变位。

【典型症状与病变】左方变位病初食欲减少，机体消瘦，出现继发性酮病（皮肤、乳汁与呼出的气体有烂水果味，尿样检查有酮体）。腹泻，粪便呈油泥状、糨糊样，潜血检查多为阳性。腹围缩小，两侧肷窝下陷，右侧腹壁较平坦，但左侧腹壁最后三个肋弓区后下方、左肷窝前下方局部明显膨大，该处触诊有气囊样感觉，叩诊有鼓音。左侧9～12肋骨弓下缘、肩关节水平线上下听诊，可听到与瘤胃蠕动时间不一致的皱胃音。在左侧倒数1～3肋骨或肋间叩诊并听诊，可听到钢管音。在钢管音区的下部穿刺检查，穿刺液带酸臭味、浑浊，pH1～4。直肠检查可发现，瘤胃向正中移位，能在瘤胃左方摸到皱胃，而右侧腹部空虚。

右方变位（皱胃扭转）发病急，突然腹痛，后肢踢腹，两后肢不时交替踏步，呻吟，不安，拱背缩腹。心跳快，可达100～120次/分，拒食，瘤胃蠕动弱，粪便少，呈黑糊状。右腹部尤其右肋弓后方明显膨大，叩诊结合听诊有钢管音，冲击性触诊有击水音。直肠检查，能在右腹部摸到膨胀而紧张的皱胃，有弹性和波动感，肝脏被皱胃推移到腹中线。

【诊断要点】左方变位的早期诊断比较困难。常在分娩后发病，皮肤及呼气有酮体气味，粪便稀薄及腹泻，左、右侧肷窝均不饱满，左肋骨弓部后上方局限性凸起，结合叩诊、听诊和穿刺检查可做出诊断。右方变位较易诊断，发病急，有腹痛、脱水、低钾血症、碱中毒、右腹膨胀、钢管音、击水音等症状。

【防治措施】预防：应加强饲养管理，合理配合日粮。对于高产奶牛，在增加精料时，不能减少粗饲料（特别是优质干草）。精料酸度过高时，可添加适量碳酸氢钠；妊娠后期，要少喂精料，多喂优质干草，并适当增加运动。

治疗：有三种方法，即保守疗法、滚转复位法和手术疗法，可根据具体情况应用。

保守疗法：对轻度变位的病牛，每天驱赶运动1～2小时或跑动10分钟，同时应静脉注射钙制剂、皮下注射新斯的明等，以增强胃肠的蠕动。

滚转复位法：先使病牛呈左侧横卧姿势，再转成仰卧式（即背部着地、四蹄朝天），随后以背部为轴心，先向左滚转45°，回到正中，再向右滚转45°，再回到正中。如此以90°的摆幅左右摇晃3～5分钟，突然停止，使病牛仍呈左侧横卧姿势，再转成俯卧式（胸部着地），最后使之站立。

手术疗法：对于变位已久，特别是皱胃与腹壁或瘤胃发生粘连时，必须采取手术疗法。

右方变位时，一经确诊，立即进行剖腹整复手术，越早越好。也可采取保守疗法与睡眠疗法，如用缓泻剂、镇静剂等，使其自行复位。

【诊疗注意事项】本病的诊断非常重要，要以典型症状和检查结果来判定疾病。注意与前胃疾病相鉴别。

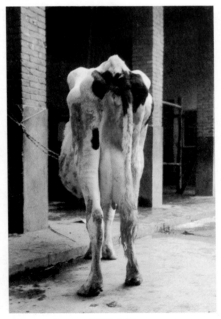

皱胃变位

皱胃左方变位：左侧下腹部明显膨大，排出糊状粪便。（赵宝玉）

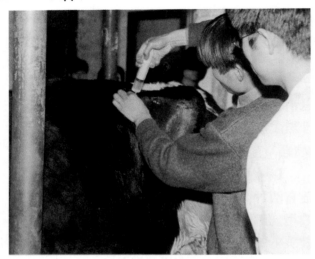

皱胃变位

皱胃左方变位手术，术前进行腰旁麻醉。（赵宝玉）

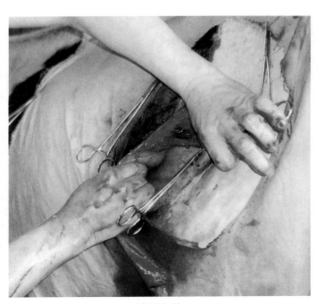

皱胃变位

皱胃左方变位手术，切开腹壁，发现变位的皱胃（右手固定的部分）。赵宝玉

皱 胃 阻 塞

皱胃阻塞也称皱胃积食，主要是由于食入过多劣质纤维性饲料或排空不畅，导致皱胃弛缓、内容物滞留、胃壁扩张的一种疾病，以健壮的成年牛较多见。

【病因】原发性皱胃阻塞是由于饲养管理不当而引起，如长期食入粗硬难以消化的粉碎饲料，加上饮水不足、过度劳役等因素而引起，也可由于异嗜砂石、水泥、毛球、麻线、破布等坚硬异物而引起。继发性皱胃阻塞，常继发于前胃弛缓、创伤性网胃腹膜炎、皱胃溃疡、皱胃炎、小肠秘结等疾病。

【典型症状与病变】病初，前胃弛缓，随后食欲废绝，反刍停止，腹围（尤其右侧）显著增大，瘤胃与瓣胃蠕动音消失，肠音微弱；排粪减少，呈糊状、棕褐色、恶臭，混有黏液、血丝或血块。在重剧病例，在右侧腹中部到肋骨弓后下方皱胃区作冲击式触诊，可感皱胃硬实，病牛躲闪、踢蹴或牴角。直肠检查时，可在右腹部的肋骨弓下后方摸到皱胃，呈黏硬的粉样质地。

【诊断要点】根据长期饲喂粗硬细碎的饲料史、皱胃区腹部膨大、皱胃食物黏硬等症状即可确诊。

【防治措施】预防：加强饲养管理，合理搭配饲料，不能长期饲喂粗硬饲料，饲草不能铡得过短，精料不能粉碎过细；注意清除饲料中的异物。

治疗：发病的初期可用泻剂，如硫酸钠300～400克、液体石蜡（或植物油）500～1 000毫升、鱼石脂20克、酒精50毫升、常水6～10升，经胃管投服；皱胃注射25%硫酸钠溶液500～1 000毫升、液体石蜡500～1 000毫升或乳酸8～15毫升，或皱胃注射生理盐水1 500～2 000毫升。为提高胃肠功能，增强心脏活动，可用10%氯化钠溶液200～300毫升、20%安钠咖溶液10毫升，静脉注射。如有脱水症状，可强心、补液，如用5%葡萄糖生理盐水2 000～4 000毫升、20%安钠咖注射液10毫升、40%乌洛托品注射液30～40毫升，静脉注射。

重病牛多继发瓣胃秘结，药物很难治愈，应立即施行瘤胃切开术，先取出瘤胃内容物，然后通过胃管灌注温生理盐水，冲洗瓣胃和皱胃。同时应输液纠正脱水和缓解自体中毒。继发性皱胃阻塞往往治疗效果不佳，预后不良。

【诊疗注意事项】此病应尽早确诊，及时治疗。

皱胃阻塞

病牛右侧下腹部明显增大、膨隆。（曹光荣）

关 节 炎

关节炎主要是由创伤或病原微生物感染引起关节囊和关节腔等组织的炎症性疾病。可表现为急性或慢性过程，多发生在膝关节、腕关节和指（趾）关节等四肢关节。

【病因】主要由关节创伤、打击、冲撞或感染引起。

【典型症状与病变】病初关节及周围组织呈现肿胀、增温、疼痛，病牛出现跛行。站立时患肢屈曲，并以蹄尖着地。当关节腔有出血或因继发滑膜炎引起渗出物增多时，关节囊突出、紧张，触之有波动感。主要病理变化因急性和慢性而不同，急性病例关节腔有浆液、纤维素性或化脓性渗出物，关节面糜烂，周围组织充血、水肿；慢性经过时，关节囊结缔组织明显增生，关节表面间质与软组织也增生，导致关节面发生纤维性或骨性粘连，表现关节僵硬。

【诊断要点】根据典型症状和病变可做出诊断。

【防治措施】关节炎的发生与肢势不正、饲养管理和使役不当有关，平时应做好预防工作。发病后应根据疾病发展的不同阶段采取不同的治疗措施。疾病初期应保持病畜安静，限制关节运动，采取冷敷法。如关节腔内渗出物较多时，可进行关节穿刺排出，然后注入适量0.25%普鲁卡因青霉素或可的松溶液。疾病后期可对关节进行热敷，并应适当运动。

治疗时除采取抗菌消炎措施外，还可配合中药治疗，如内服跛行散有良好效果。

跛行散：当归30克，红花25克，骨碎补25克，地龙25克，大黄25克，血竭25克，乳香20克，没药20克，土鳖20克，自然铜（醋淬）20克，制南星15克，甘草15克，共为末，黄酒200毫升为引，开水冲调，一次内服。每日一剂，连用2天，间歇1天，再连用2天（可酌情而定）。

【诊疗注意事项】本病的诊断并不困难，治疗中应特别重视护理工作。

关节炎

左后肢趾关节肿大、变形、疼痛，有明显跛行症状。（刘安典）

腹 壁 疝

腹壁疝或称腹壁赫尔尼亚，是指腹腔脏器（主要为肠袢）嵌入腹壁皮下的一种疾病，多见于牛和马等大动物。

【病因】主要由于腹壁受到钝性强力作用或腹腔内压过大（如妊娠后期），使腹壁肌肉或腱膜甚至腹膜破裂所致。

【典型症状与病变】病初，腹壁局部出现炎性肿胀，有热、痛。炎症消退后，肿胀变柔软，无热，稍痛，局部能听到肠蠕动音，触诊可摸到疝环。肠袢与疝壁未发生粘连时，疝内容物可送回腹腔，如发生粘连则不能完全送回，疝内容物被嵌闭时可出现疝痛症状。

【诊断要点】腹壁局部突然膨大或突出；可触及疝环，如为肠管则可听到肠蠕动音，并可将脱出的肠管送入腹腔；若发生肠嵌闭，则病畜出现疝痛症状。根据这些重要症状和病变即可做出确诊。

【防治措施】对新发生的、疝孔较小且患部靠上方的可复性疝，可在送回疝内容物后装置压迫绷带，或在疝孔周围分点注入少量酒精等刺激性药剂，使疝孔自愈。除此之外，均须采取手术疗法。

【诊疗注意事项】诊断时外部检查必须和直肠检查相结合，以便准确判明疝孔的位置、大小、形状以及脱出的脏器是否粘连，从而确定治疗方案。本病注意与血肿、脓肿、淋巴外渗及肿瘤相鉴别。

腹壁疝

下腹部膨大，肠管已进入皮下与腹肌之间，触诊可感柔软。（李长安）

遗传性先天性皮肤缺失

　　遗传性先天性皮肤缺失又称新生畜上皮形成不全，是由于遗传缺陷导致的先天性皮肤疾病。临诊上多见于犊牛。

　　【病因】与遗传缺陷有关，但具体病因不甚明了。

　　【典型症状与病变】出生时即见局部皮肤或黏膜缺如，难以愈合，并常发生感染而呈化脓、坏死性皮炎。有些犊牛出生时皮肤无明显眼观变化，随后则发生四肢下部的皮肤脱落及蹄冠部出现角质分离。

　　【诊断要点】根据出生时或出生后的病理变化一般可做出诊断，必要时可做谱系分析。

　　【防治措施】本病没有理想的预防措施，主要应采取正确的牛种培育方法。治疗时可采取对症治疗，如局部消毒、抗感染等。

　　【诊疗注意事项】应注意与一般的感染性皮炎鉴别诊断。

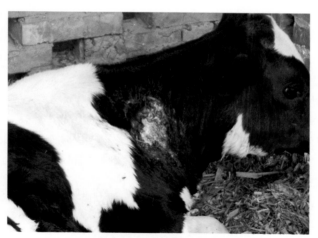

遗传性先天性皮肤缺失

此犊牛出生时颈部局部无皮肤生长，后因感染其表面组织发生坏死。（刘安典）

蕨 中 毒

蕨中毒是牛采食大量蕨类植物引起的中毒病，如短期内大量采食时，可发生急性中毒，其特征是骨髓再生障碍性贫血和全身广泛性出血；当长期少量食入时则引起慢性中毒，其特征是间歇性血尿和膀胱发生肿瘤。

【病因】蕨类植物的叶子中含有能致骨髓损伤和膀胱肿瘤的物质，最常引起中毒的蕨类植物品种为毛叶蕨和欧洲蕨。贵州等南方一些地区有本病发生，急性中毒多见于春季，慢性中毒无季节性。

【典型症状与病变】急性中毒：病初精神沉郁，食欲下降，步态蹒跚。随后体温突然升高（达40.5～43℃），拒食，流涎，腹痛，频频排便，粪便呈暗褐红色或黑色，甚至为凝血块。眼结膜等可视黏膜苍白、发黄，有出血点。皮肤也可见出血斑点。

慢性中毒：典型症状是间歇性血尿、尿频、尿急、排尿痛苦。病牛贫血、消瘦、虚弱。尿检可见红细胞和癌细胞。可视黏膜苍白或黄染，有出血斑点。白细胞总数少于5×10^9个/升，其中中性粒细胞明显减少，而淋巴细胞则增多至80%～90%，血小板总数减少至1×10^{10}～2×10^{10}个/升。剖检见膀胱黏膜充血、水肿、出血，常有多种形态和大小不同的肿瘤生长。

【诊断要点】应全面考察当地植被情况、饲养管理方式、发病季节、流行病学资料和食入蕨类植物病史。急性中毒根据高热、出血、贫血、便血等重要症状，慢性中毒根据血尿结合尿液检查结果，可做出诊断。膀胱肿瘤的发现是本病死后诊断的主要依据。

【防治措施】预防：加强放牧牛群的饲养管理，春季避免到蕨类植物生长旺盛的草场放牧。配合草地改良，控制蕨草的生长和蔓延。

治疗：尚无特效疗法，首先停止采食蕨类植物。应用骨髓刺激药（如DL-鲨肝醇5克，橄榄油50毫升，混合溶解后皮下注射，每天1次，连用5天）、肝素颉颃剂（5%硫酸鱼精蛋白注射液50毫升，静脉注射，或甲苯胺蓝250毫克溶于500毫升生理盐水中，静脉注射），对早期病例有一定效果。输血疗法（第一次输入4.5升加有抗凝剂的健牛血液，第二次减半，每周1次，共输4次）疗效较好。辅助疗法是注射复方维生素B或内服反刍促进药，以刺激食欲。

【诊疗注意事项】急性病例的出血、贫血、黄疸症状与炭疽、泰勒虫病、钩虫病相似，慢性病例的血尿症状与膀胱结石、肾脏及尿路出血性疾病相似，应注意鉴别。慢性中毒时膀胱常有多种肿瘤发生，故生前可采用直肠检查诊断，同时可检查尿液肿瘤细胞。因肿瘤病多无治疗价值及治疗希望，所以一旦确诊后应尽快淘汰。

蕨中毒

毛叶蕨的枝叶形态。（许乐仁）

蕨中毒

欧洲蕨和毛叶蕨的比较：左为欧洲蕨，右为毛叶蕨。（许乐仁）

蕨中毒

膀胱（黏膜已被翻出）的乳头状瘤，呈花椰菜头状，有一蒂与膀胱黏膜相连。（中国农业科学院兰州兽医研究所）

蕨中毒

膀胱的多发性肿瘤：膀胱壁内生长成丛的指状、息肉状和绒毛状瘤体突入膀胱腔，有些瘤体内有出血。（陈可毅）

蕨中毒

上图膀胱与膀胱肿瘤的切面。膀胱体部的巨大瘤体长入并几乎填塞整个膀胱腔，瘤体为灰白色致密的鱼肉状结构。（陈可毅）

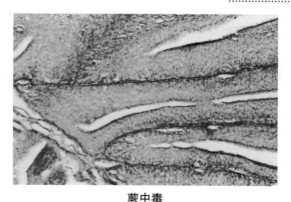

蕨中毒

膀胱乳头状移行细胞癌的组织结构。HE×200（许乐仁）

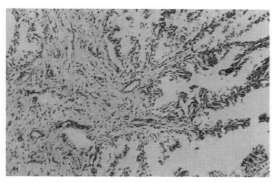

蕨中毒

膀胱乳头状腺癌的癌组织呈腺样结构，形成许多分支的乳头伸入腺泡腔内。HE×80（许乐仁）

霉烂甘薯中毒

　　霉烂甘薯中毒也称黑斑病甘薯中毒，是牛、羊等动物采食一定量霉烂甘薯后，由于其毒素的吸收而引起的以呼吸困难为主要症状的中毒病。病理特征是急性肺水肿和肺气肿。本病主要发生于种植甘薯的地区，以10月份到翌年4月份较为多见。

　　【病因】主要是家畜采食或误食霉烂（黑斑病）甘薯所致。黑斑病真菌寄生于甘薯，产生毒素（黑斑病毒素），有剧毒，耐热，煮沸也不能破坏。此毒素可引起呼吸中枢和肺结构等器官发生一系列损害，故出现急性呼吸困难病症。

【典型症状与病变】除病牛精神沉郁、反刍停止等一般症状外，主要表现呼吸极度困难，呼吸次数可达80～90次/分。随着病情的发展，呼吸动作加深而次数减少，呼吸音似拉风箱。呼气性呼吸困难明显。后期肩胛、腰背部皮下发生气肿，触诊呈捻发音。病牛张口伸舌，头颈前伸，口流泡沫性唾液，可视黏膜发绀，最终窒息死亡。主要剖检变化为肺间质与肺泡高度气肿和水肿，纵隔与胸内淋巴结、心包膜下以及肩背部皮下和肌膜等都有大小不等的气泡积聚。

【诊断要点】主要根据病史、发病季节，并结合呼吸困难、皮下气肿和肺气肿特征变化，可做出诊断。

【防治措施】预防：加强甘薯保管与保存，防止甘薯染病霉烂，禁止用霉烂甘薯及其副产品喂牛。

治疗：尚无特效疗法。如果早期发现，毒物尚未完全被吸收，可采取洗胃措施和内服0.1%高锰酸钾溶液1 500～2 000毫升，或1%过氧化氢溶液500～1 000毫升。为解毒、缓解呼吸困难，可用5%～20%硫代硫酸钠注射液100～200毫升，静脉注射，亦可用输氧疗法。为增强肝、肾解毒、排毒功能，可静脉注射等渗葡萄糖溶液和维生素C。

【诊疗注意事项】本病主要症状为呼吸困难，诊断常无困难，但治疗应越早越好。

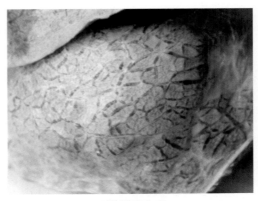

霉烂甘薯中毒

间质性肺气肿：肺膨大，间质气肿，增宽，肺表面呈明显的网状花纹。（祁保民）

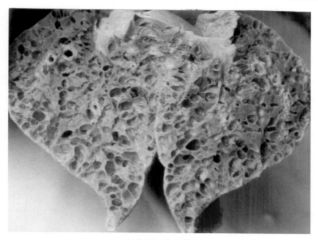

霉烂甘薯中毒

间质性肺气肿：肺切面呈蜂窝状，小叶间有大小不等的串珠样气泡。（祁保民）

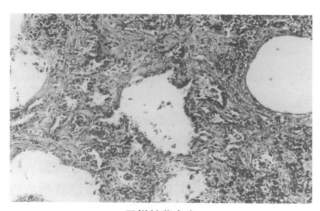

霉烂甘薯中毒

肺瘀血、出血、水肿，有的肺泡高度气肿或其破裂融合成大气泡，有的肺泡上皮增生。HE×200（杨鸣琦）

栎树叶中毒

栎树叶中毒是动物大量食入栎树叶后发生的中毒病，其特征是消化功能障碍和皮下水肿。栎树又称青杠树，分布于我国大部分地区。

本病主要发生于3月下旬至5月初，4月为发病高峰期。

【病因】栎树叶和嫩枝中含有毒成分栎叶丹宁。栎叶丹宁在胃肠中可降解为毒性更大的酚类化合物，引起出血性胃肠炎，当其吸收后则引起肾病。

【典型症状与病变】早期症状多在采食栎树叶后5～15天出现，如精神沉郁、前胃弛缓等。很快发展为腹痛症状，如磨牙、后躯卧地、回头顾腹以及后肢踢腹等。不排粪，或排出腥臭的焦黄色或黑红色糊状粪便。病初排尿频繁，量多，逐渐尿量减少，甚至无尿。在会阴、股内、腹下、胸前、肉垂等躯体下部皮下出现水肿。病牛终因肾衰竭死亡。剖检见出血性胃肠炎、体腔积水、肾变性与出血等。

【诊断要点】根据采食栎树叶史、发病季节、典型症状与病变可做出诊断。

【防治措施】预防：不在发芽生长期的栎树林放牧，不采用栎树叶喂牛，不采集栎树叶垫圈。

治疗：本病无特效解毒药。立即禁食栎树叶。为促进胃肠内容物的排出，可用1%～3%盐水1 000～2 000毫升，瓣胃注射。解毒可用硫代硫酸钠5～15克，制成5%～10%溶液一次静脉注射，每天一次，连用2～3天，对轻度病症有效。为补液和防止酸中毒，可静脉注射葡萄糖溶液及5%碳酸氢钠液。

【诊疗注意事项】注意与有水肿症状的寄生虫病、心脏病和肾脏病相鉴别。

栎树叶中毒
下颌间隙和咽喉部皮下明显水肿。（杨宝琦）

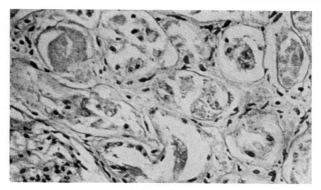

栎树叶中毒

肾曲小管上皮细胞明显变性、坏死。（史志诚）

氟 中 毒

氟中毒即无机氟中毒，是指动物长期采食含无机氟的饲料、饮水或一次食入大量氟化物药剂后引起的中毒性疾病。前者多引起慢性（蓄积性）中毒，通常称为氟病，特征是牙齿出现斑点、过度磨损及骨质疏松和骨疣形成。后者主要引起急性中毒，特征是呈现出血性胃肠炎和神经症状。

【病因】急性氟中毒主要是因牛一次食入大量氟化物如氟硅酸钠而引起，常见于用氟化钠驱虫时用量过大。慢性氟中毒是由于牛长期连续摄入少量氟而在体内蓄积所引起，主要原因有：自然环境高氟（高氟牧草与农作物）、工业环境污染（高氟废气与废水）、长期饲喂未脱氟的矿物质添加剂等。

【典型症状与病变】急性氟中毒，一般在食入氟化物半小时左右出现症状，食欲废绝，腹泻、腹痛，敏感性增高，出现不断咀嚼动作，严重时搐搦和虚脱，在数小时内死亡。粪便中常带有血液和黏液。

慢性氟中毒呈地方性发生。病牛异嗜，生长发育不良，表现牙齿、骨骼损害。切齿釉质失去光泽，出现黄褐色的条纹、斑点（氟斑）；臼齿过度磨损，排列散乱，间隙增宽，形成波状齿和阶状齿，下前臼齿往往异常突起，因此咀嚼困难。

颌骨、掌骨、跖骨和肋骨呈对称性肥厚，形成骨疣和骨变形、骨质疏松。关节周围软组织发生钙化，导致关节强直，行走困难。在严重病例，脊柱和四肢僵硬，腰椎及骨盆变形。

【诊断要点】急性氟中毒主要根据病史及腹痛、腹泻等胃肠炎症状而诊断。慢性氟中毒则根据牙齿、骨骼病变，结合牧草、骨骼、尿液氟含量的检测即可确诊。成年牛骨骼氟含量超过1 500微克/克，可作为慢性氟中毒的指标，超过3 000微克/克为严重氟中毒。

【防治措施】预防：对补饲的磷酸盐应尽可能脱氟，高氟区应避免放牧，治理环境污染等。

治疗：急性氟中毒应立即抢救，可用0.5%氯化钙溶液、0.05%高锰酸钾溶液或石灰水、肥皂水洗胃，同时可静脉注射氯化钙或葡萄糖酸钙，以补充体内钙的不足。配合维生素D、维生素B_1和维生素C治疗。

慢性氟中毒目前尚无使病牛完全康复的疗法，应尽快使病畜脱离病区，供给低氟饲草料和饮水。对跛行的病牛，可用10%葡萄糖酸钙注射液500毫升，一次静脉注射，每天一次，连用5～7天。为了中和消化道产生的氢氟酸，可用硫酸铝30克，混入饲料中饲喂，每天一次，连用数天。

【诊疗注意事项】氟中毒诊断时，急性中毒应与有腹泻症状的大肠杆菌病、沙门氏菌病、球虫病等疾病相鉴别；慢性中毒应与有骨损害的铜中毒、铅中毒及钙、磷代谢障碍性疾病相鉴别。慢性氟中毒在坚持治疗的基础上一定要以预防为主。严重病例治疗价值不大时应尽快淘汰。

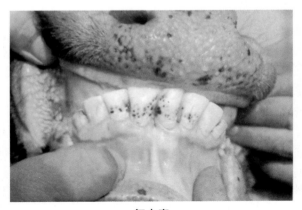

氟中毒

切齿表面的黄褐色氟斑。（刘安典）

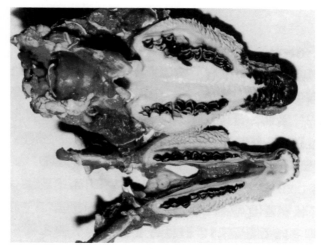

氟中毒

上臼齿磨灭不齐，排列散乱，左右偏斜。（刘宗平）

氟中毒

病牛右肋骨见明显骨疣形成，向外突出。（刘宗平）

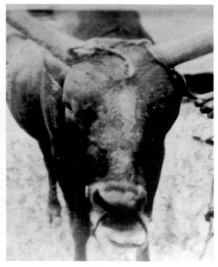

氟中毒

颌骨肿大，头面部变形。（刘宗平）

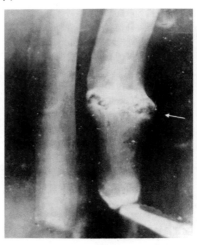

氟中毒

肋骨自发性骨折，并有骨疣形成（↑）。（刘宗平）

磷 化 锌 中 毒

磷化锌中毒是指家畜误食了含有灭鼠剂磷化锌的毒饵或饲料而引起的急性中毒性疾病，其特征是急性出血性胃肠炎所致的上吐下泻症状，呕吐物有蒜臭味并在暗处可发出磷光。

【病因】主要是由于牛误食灭鼠剂磷化锌或被磷化锌污染的饲料，偶尔也见于人为性投毒。

【典型症状与病变】中毒牛出现食欲减退、流涎，继而呕吐，呕吐物在暗处可发出磷光，呕吐物与呼出气体均有蒜臭味。腹痛不安，呼吸加快加深。初期过度兴奋甚至惊厥，后期昏迷嗜眠，伴有腹泻，粪便中混有血液。剖检见出血性胃肠炎病变，肝、肾明显变性，心脏出血，肺充血、水肿，胃肠内容物有蒜臭味并可检出磷化锌。

【诊断要点】根据病史、临诊症状与剖检变化可做初步诊断，呕吐物、胃内容物或残余饲料中检出磷化锌，即可确诊。

【防治措施】预防：加强磷化锌管理，严防动物误食。

治疗：无特效药。一旦发现中毒，立即用5%碳酸氢钠溶液（2～4升）洗胃，以延缓磷化锌分解为磷化氢。也可灌服0.5%硫酸铜溶液，阻止磷化锌的吸收而降低毒性，并促使患病动物呕吐，排出一部分毒物。也可灌服0.1%高锰酸钾溶液，使磷化锌氧化为无毒的磷酸酐。同时采用对症治疗和支持疗法，如葡萄糖酸钙和乳酸钠注射液可对抗酸中毒，10%硫代硫酸钠溶液、抗脂肪肝药及葡萄糖等，可用于肝损伤的治疗。

【诊疗注意事项】磷化锌中毒发生较快，一旦发现应立即采取措施抢救，否则易导致死亡。注意与有肠炎症状的一些疾病做鉴别。

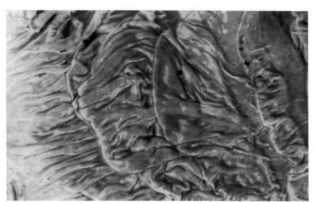

磷化锌中毒

皱胃黏膜潮红，明显充血、出血。（陈怀涛）

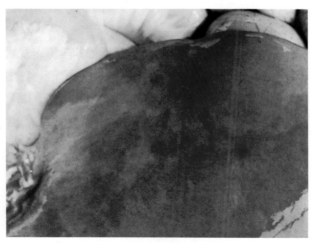

磷化锌中毒

肝脏肿大，变性，色带黄。（陈怀涛）

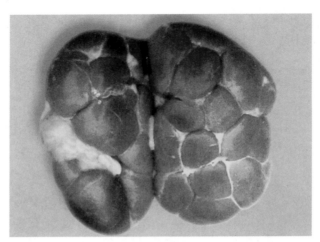

磷化锌中毒

肾脏肿大，变性，色红黄。（陈怀涛）

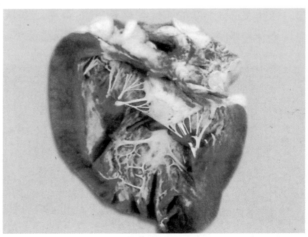

磷化锌中毒

心内外膜和心肌见严重出血。（陈怀涛）

第四部分 肿 瘤 病

牛乳头状瘤病

　　牛乳头状瘤病是由牛乳头状瘤病毒引起的一种肿瘤性传染病，以皮肤、黏膜形成乳头状瘤为特征。不同年龄、性别和品种的牛均可发病。但3月至2岁之间的牛易发，肉牛比乳牛发病率高，圈养牛比放牧牛发病率高，本病无明显季节性，多为散发。

　　【病原】牛乳头状瘤病毒为乳头状瘤病毒属的成员，可分为6个型。病毒粒子呈近20面立体对称。病毒核酸是单分子的环状双股DNA。本病毒能在鸡胚绒毛尿囊膜上生长，不能在细胞培养中繁殖。皮下接种马、小牛、哺乳仓鼠和某些品系小鼠，可引发肿瘤。

　　【典型症状与病变】乳头状瘤属于良性肿瘤，常见于颈、背、耳、眼睑、唇部、包皮、乳房等部皮肤及食管、膀胱、阴道黏膜。病初，肿瘤为圆形的灰色小结节，以后逐渐增大，形成球形、结节状、分叶状或花椰菜状，瘤体大小、数量不等，为灰白色、黑色、灰棕色，触之坚实。肿瘤若发生在消化道则可引起食欲减退，发生在膀胱可导致血尿，发生在体表可因摩擦而破溃、出血。

　　【诊断要点】本病确诊主要依据病理组织学检查、病原鉴定和血清学试验。在电镜下检查病毒颗粒，或从病料中分离病毒，进行动物接种试验或接种鸡胚绒毛尿囊膜，以做病原诊断；用免疫荧光抗体技术、琼脂免疫扩散试验、酶联免疫吸附试验检查抗体。

　　【防治措施】加强饲养管理，防止外伤。如有发病，应及时隔离，彻底消毒。本病无特效的治疗方法，发生于体表的单个乳头状瘤，一般采取手术切除，术后用碘酊涂抹创部。如肿瘤数量很多，则难以切除。乳头状瘤极少转移，但在手术切除不完全时，可能复发。

【诊疗注意事项】病理组织学检查在确诊本病时有重要意义。乳头状瘤可分两型：鳞状上皮性乳头状瘤；见于皮肤及皮肤型黏膜，由许多绒毛状突起构成，表层为增生的上皮，角化明显；中心是轴心，内含血管、淋巴管和神经。纤维性乳头状瘤；见于阴茎或阴道黏膜，瘤组织以成纤维细胞为主，呈旋涡状，肿瘤表面有溃疡，增生上皮细胞不角化。

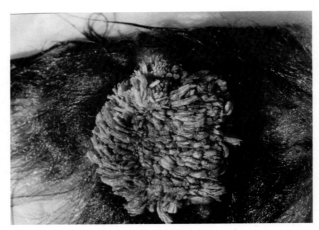

牛乳头状瘤病

呈丛状生长的皮肤乳头状瘤。（张旭静）

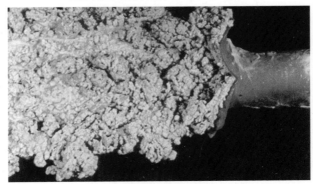

牛乳头状瘤病

母牛食管黏膜全被多发性乳头状瘤所覆盖，故其表面粗糙，管腔狭窄。
（Mouwen JMVM等）

牛乳头状瘤病

本图显示食管黏膜乳头状瘤的组织切片。可见乳头状瘤的上皮由正常上皮延续生长而成，瘤组织中树枝状的红色结缔组织索来自黏膜基质。van Gieson（Mouwen JMVM等）

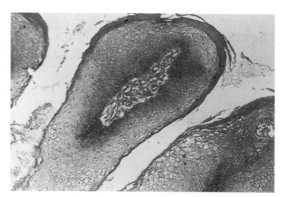

牛乳头状瘤病

本图仅显示乳头状瘤一个瘤突起的组织结构，突起中心为血管和结缔组织，其外围的瘤细胞和正常皮肤的鳞状上皮相似，上皮角化明显。HE×100（王雯慧）

鳞 状 细 胞 癌

　　鳞状细胞癌又称鳞状上皮癌或表皮样癌，简称鳞癌。它是由鳞状上皮细胞转化来的恶性肿瘤。常见于皮肤和皮肤型黏膜，以成年牛或老龄牛多发。

　　【病因】鳞状细胞癌的发病原因尚不完全明了。但有些鳞癌，如牛眼癌是紫外线辐射和病毒协同作用诱发，好发于浅色皮肤的牛。

【典型症状与病变】肿瘤主要位于皮肤和皮肤型黏膜，如乳房、阴茎、阴道、瞬膜、口腔、舌、食管、咽和喉头等处。非鳞状上皮组织如鼻咽、支气管、子宫的黏膜化生之后也可发生鳞癌。临诊上，局部组织弥漫性增厚，和周围组织分界不清，表面形成难以愈合的溃疡，也可呈花椰菜头状或结节状，肿瘤表面常有出血和坏死。鳞癌质硬，无包膜。

【诊断要点】根据病变部位和病理组织学特征不难作出诊断。组织上，癌组织的实质为许多大小不等的癌细胞团块或条索，即癌巢，其间为致密结缔组织。癌巢细胞的异型性和分化程度在不同的鳞癌不尽相同。分化较好的其癌巢中常有明显的角化珠（癌珠），分化不好的则偶见个别角化细胞。癌细胞间有间桥，癌细胞核分裂象多见。

【防治措施】加强饲养管理，防止皮肤、黏膜外伤和慢性刺激。本病无特效的治疗方法，如有发病，应对症处理，局部消毒，防止继发感染。对发生于体表的早期肿瘤，可采取手术切除，术后用碘酊涂抹创部。

【诊疗注意事项】病理组织学检查在确诊本病时有重要意义。由于本病为恶性肿瘤，后期多有扩散，因此，常不具有治疗价值。对经济价值较高的良种牛，早期可行手术切除，瘤组织切除必须彻底，术后注意防止感染。同时可进行对症治疗。

鳞状细胞癌

局部皮肤粗糙不平，有破损，破损难以愈合，有坏死、化脓和出血。（陈怀涛）

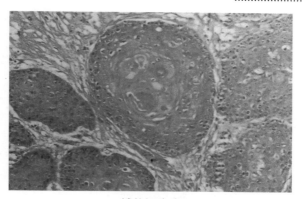

鳞状细胞癌

癌组织主要由癌细胞团块（癌巢）构成，有的癌巢中心部发生角化（癌珠），癌巢间为结缔组织。HE×200（陈怀涛）

牛 瞬 膜 癌

　　牛瞬膜癌是眼鳞癌之一，是发生在牛眼瞬膜或第三眼睑的一种鳞状细胞癌。本病为恶性肿瘤，在我国高原地区的牛群较为常见。在美国多见于海福德（Hereford）牛。在我国西北地区奶牛场的黑白花牛中也比较常见。

　　【病因】本病好发于高原地区的牛，其发生原因还不够清楚，可能同缺乏角膜、巩膜色素且长期受到强烈紫外线辐射有关。也有报道称牛眼癌是紫外线辐射和病毒协同作用诱发的一种鳞癌。

　　【典型症状与病变】眼鳞癌可发生于眼和眼周围许多部位，如眼睑、结膜、角膜和瞬膜。鳞癌发生于瞬膜时，病初有流泪、结膜黏液分泌增多和羞明等症状。此时由于癌灶较小，眼观常难以发现，或在瞬膜上尤其游离缘可见细粒状病灶。以后这种病灶逐渐增大，相互融合，形成结节状瘤体，边缘不整齐，突出于眼内角。随着瘤组织继续生长，形成花椰菜状新生物。组织上，瞬膜上皮呈异型性生长，以网钉伸入深层，癌巢连接成网状；癌组织也可向外恶性生长；癌细胞有分裂象；瞬膜原结构改变；间质常有炎症反应，局部可见淋巴细胞、巨噬细胞和浆细胞。

【诊断要点】根据发病特点、病变部位和病理组织学特征常可做出诊断。

【防治措施】加强饲养管理，防止牛群在日光下过度暴晒，早发现早治疗。此癌虽属恶性肿瘤，但恶性程度不高，早期实行冷冻或切除术并结合消炎，一般可获良好疗效。

【诊疗注意事项】病理组织学检查在确诊本病时有重要意义。由于本病为恶性肿瘤，在个别严重病例，肿瘤可向附近组织和淋巴结转移。因此，对已经扩散的病牛常不具有治疗价值。对经济价值较高的良种牛，早期可行冷冻或手术切除，术后注意防止感染，同时可进行对症治疗。

牛瞬膜癌

瞬膜上见淡黄色细粒状肿瘤病变。（陈怀涛）

牛瞬膜癌

已摘出的眼。在瞬膜上有一些发生溃疡的肿瘤性增生物。（Mouwen JMVM等）

纤维瘤与纤维肉瘤

纤维瘤与纤维肉瘤是来源于纤维结缔组织的肿瘤，均由瘤变的成纤维细胞和胶原纤维组成。纤维瘤为良性肿瘤，是牛常见的良性肿瘤之一，甘肃动物肿瘤生态学调查研究结果表明，在牛的肿瘤中发生率最高的是纤维瘤，占牛全部检出肿瘤的33.8%。纤维肉瘤为恶性肿瘤，但与其他肉瘤比较，恶性程度低，对机体危害较小。

【病因】纤维瘤与纤维肉瘤的发生原因尚不清楚。

【典型症状与病变】纤维瘤常见于牛的头、颈、腹下、胸壁、四肢、阴茎等皮下，多单发，少数多发。公牛较多见。瘤体多呈结节状，外有包膜，切面灰白，与周围组织界限清楚。触诊可感知肿瘤位于皮下，硬实，表面平滑。纤维肉瘤的形态特点、发生部位与纤维瘤相似，但生长较快，肿瘤表面常有炎症、坏死、出血等病变。组织上纤维瘤、纤维肉瘤的结构和染色与正常的纤维结缔组织有一定相似，但纤维与细胞的比例、排列不同，常呈束状相互交错或呈漩涡状排列。纤维肉瘤较纤维瘤的异型性大。

【诊断要点】根据发病特点、病变部位和肿瘤的形态学特征不难做出诊断。确诊应依靠组织检查。

【防治措施】加强饲养管理，尽量避免各种原因造成的皮下软组织损伤。平时注意定期检查，早发现早治疗。一经发现，即可实行手术切除，同时配合抗菌消炎，一般可获良好疗效。纤维肉瘤虽属恶性肿瘤，但恶性程度不高，切除后很少复发。

【诊疗注意事项】纤维瘤、纤维肉瘤、平滑肌瘤、神经纤维瘤、血管周细胞瘤等肿瘤的外观较相似，仅通过外观很难鉴别，必要时可依靠组织学、细胞化学和细胞学的特征进行鉴别诊断。

纤维瘤

皮下纤维瘤，单发，个体较大，突出于皮肤，突出部因摩擦而无毛光滑。（陈怀涛）

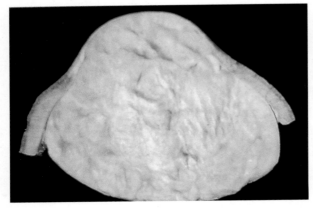

纤维瘤

上图肿瘤的切面，色灰白，质地硬实，突出部皮肤受压变薄。（陈怀涛）

纤维瘤

在瘤胃食道沟部有一团多发性纤维瘤，大小不等，色淡黄，表面光滑，因此生前引起进食和嗳气困难症状。（Mouwen JMVM等）

纤维瘤

纤维瘤的组织结构：瘤细胞似成纤维细胞，瘤细胞和胶原纤维成束状相互交错，或呈漩涡状。HE×200（陈怀涛）

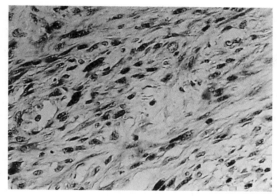

纤维肉瘤

纤维肉瘤的组织结构：和纤维瘤相似，但细胞异型性较大，分裂象较多。
HE×400 （陈怀涛）

皮肤类肉瘤病

皮肤类肉瘤病是皮肤的一种局部侵犯的成纤维细胞肿瘤性疾病，最常见于马属动物，也见于牛。

【病因】本病的病因迄今还无定论，可能与病毒有关。由于该肿瘤多生长在易受昆虫叮咬或机械性损伤的局部，推测它由异常生长的肉芽组织恶变而来，损伤是其诱因。在牛乳头状瘤病时，有时也引起真皮成纤维细胞异常增生，随后演变为类肉瘤。

【典型症状与病变】肿瘤多生长在头部，也见于躯体和四肢。多为单发。按其外观和组织学特征分为四型。①疣状型：外观为成丛的乳头状或结节状，大小不一，灰白或淡红色，表面角化，质硬。②成纤维细胞型：瘤体呈花椰菜状，大小不等，灰红色，表面有角质硬壳，坚实。③疣状和成纤维细胞复合型：外观呈疣状，瘤蒂不明显，局部皮肤不均匀增厚。④皮下结节型：指皮下纤维肉瘤，呈结节状向外突起。组织上，疣状型为乳头状瘤结构；成纤维细胞型由丰富的梭形、多角形细胞及少许胶原纤维组成，有较多的血管；混合型或复合型，其外观的瘤体为乳头状瘤，而基底层向深部伸入形成网钉；皮下结节型为高分化的纤维肉瘤，瘤细胞异型性较小。

【诊断要点】根据发病特点、病变部位和肿瘤的形态学特征不难做出诊断。肿瘤多发生于皮肤或皮下。瘤体呈乳头状、结节状或花椰菜状，或有瘤蒂，表面多有角化。

【防治措施】加强饲养管理，尽量避免各种原因造成皮肤外伤。出现皮肤损伤时应及时处理，以防肉芽组织过度生长，并恶变为类肉瘤。发现本病时以手术切除最为有效。类肉瘤通常仅有局部侵犯，无转移，手术切除后复发率很低。

【诊疗注意事项】当发现慢性溃疡处的肉芽组织迅速生长时，应视为已发展为类肉瘤而及时施以手术治疗；对患乳头状瘤病的牛，要注意检查生长肿瘤的局部，对皮肤出现明显增厚和起皱者应及时实施外科治疗。

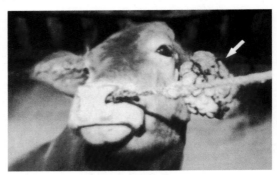

皮肤类肉瘤病

黄牛两耳腹面有皮肤类肉瘤生长，左耳的巨大瘤体为成丛的结节状。（陈可毅）

皮肤类肉瘤病

上图皮肤的巨大瘤体，重达1325克，表面为厚层灰褐色角质"硬壳"。（陈可毅）

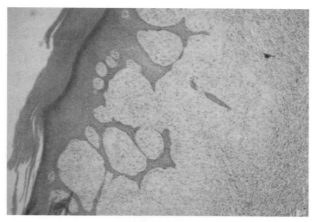

皮肤类肉瘤病

皮肤类肉瘤的组织变化：表皮基底层向深部呈条索状伸入生长，形成"网钉"，其下是大量生长的肉瘤细胞。HE×80（陈可毅）

平 滑 肌 瘤

平滑肌瘤是来源于平滑肌组织的良性肿瘤，常见于牛、绵羊、猪、犬、马、驴、骡等动物。牛平滑肌瘤可发生在多种内脏器官，但主要在消化道和泌尿生殖道，其中以子宫平滑肌瘤最为多见。

【病因】本病的病因迄今还无定论。纤维平滑肌瘤是平滑肌瘤的一种特殊类型，认为是机体对激素功能紊乱的一种组织应答反应，常发生于母牛阴道。

【典型症状与病变】肿瘤常见于消化道和子宫。多单发，质地较硬，呈结节状，大小不等，边界清楚，但缺乏包膜。切面呈灰红色，有纵横交错的漩涡状纹理。发生在阴道或阴户时，肿瘤常以蒂相连，并向外突出。体积较大的平滑肌瘤可引起子宫、食管、肠道或膀胱阻塞，临诊上出现持久呕吐、腹痛或排尿困难。组织上，瘤细胞为长梭形，较正常平滑肌密集，呈束状纵横交错排列。瘤细胞核呈棒状，分裂象少见。有时在瘤组织中可见较多厚壁小血管，并构成肿瘤的组成部分。用van Gieson、Masson或Mallory氏磷钨酸苏木素染色，可显示瘤细胞浆中的肌丝，以此作为平滑肌瘤的诊断依据。

【诊断要点】根据发病部位和肿瘤的形态学特征不难做出诊断，必要时可用超声波辅助诊断。

【防治措施】加强饲养管理，尽量避免各种应激反应。平滑肌瘤可以手术切除，一般术后不复发、不转移。但纤维平滑肌瘤术后有复发现象。

【诊疗注意事项】发生在消化道和子宫的平滑肌瘤，当体积增大，并使局部腔道堵塞而出现相应症状时，应及时施以手术治疗。同时采用对症疗法。

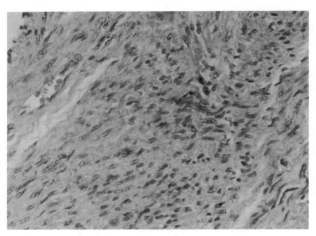

平滑肌瘤

瘤细胞核呈棒状，细胞质丰富，染色较红。HE X400（陈怀涛）

脂　肪　瘤

　　脂肪瘤是来源于脂肪组织的良性肿瘤，可发生在牛、双峰驼、马、驴、骡、绵羊、猪、犬、猫和禽类等多种动物。以皮下多见，大网膜、肠系膜、肠壁等处也可发生。牛脂肪瘤常见于母牛，主要发生在肠系膜、骨盆腔、肉垂，也见于面部和后肢肌肉。5～10岁的牛易发。

【病因】本病的病因迄今还无定论。

【典型症状与病变】牛脂肪瘤多呈结节状，单发，外有包膜，与周围组织界限明显，切面常见大小不等的分叶，质地较柔软，颜色淡黄，同正常脂肪组织十分相似。瘤体大小不等，直径为0.5～20厘米或更大。位于皮下的脂肪瘤，触诊时易于移动；位于黏膜或浆膜面的脂肪瘤多呈息肉状，以蒂与原发组织相连；有些脂肪瘤因含有一定的纤维结缔组织或发生坏死、炎症而使肿瘤质地变硬，坏死的瘤组织为灰白色，呈粉末状，偶见钙化。镜下可见瘤组织分化成熟，与正常脂肪组织难以区分，但有多少不等的结缔组织条索将瘤组织分隔成不规则的小叶。瘤细胞大小一致，无核分裂象，异型性小。如瘤组织中含有较多的纤维结缔组织，则称纤维脂肪瘤。

【诊断要点】根据肿瘤发生部位和眼观特征可做初步诊断，必要时可用超声波辅助诊断。确诊有赖于病理组织学检查。

【防治措施】加强饲养管理，尽量避免各种原因造成的外伤和刺激。发现本病后以手术切除最为有效。脂肪瘤为良性肿瘤，常不发生转移，手术切除后一般不复发。

【诊疗注意事项】脂肪瘤生长一般比较缓慢，较小的脂肪瘤常无明显的症状，对动物有机体也无明显的影响，可不予治疗。发生在肠系膜、骨盆腔的脂肪瘤，当体积增大并影响到局部脏器功能时，会出现相应症状，应及时施以手术治疗。同时采用对症疗法。

脂肪瘤
脂肪瘤切面色淡黄，分叶。（陈怀涛）

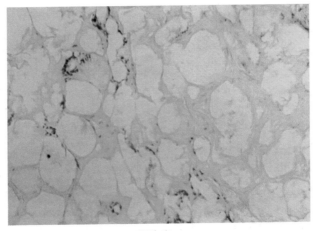

脂肪瘤

脂肪瘤的组织结构和正常脂肪组织相似，但局部有结缔组织条索。HE×100（陈怀涛）

黏 液 瘤

　　黏液瘤是来源于固有结缔组织的良性肿瘤，牛、马、骡、兔、犬等动物均可发生，肿瘤可出现在任何部位。其特征为肿瘤间质有大量以透明质酸为主要成分的黏液样物质，瘤细胞来自呈退行性变化的成纤维细胞。

　　【病因】兔的黏液瘤已明确是由兔黏液瘤病毒引起的。其他动物黏液瘤发生的原因尚不清楚。

　　【典型症状与病变】病牛常无明显的临诊表现，但当肿瘤体积增大到影响局部器官功能时，可出现相应的症状。牛黏液瘤可发生于任何部位。瘤组织外观呈结节状，有些瘤体外有纤维性包膜，同周围组织界限明显，质地柔软，切面黏滑、湿润并呈半透明状。通常为单发，体积大小不等，若发生在腹膜则体积较大。瘤细胞多呈星形或梭形，核分裂象少见，胞浆突起很长，相互吻合，排列疏松，散在于阿尔辛蓝染色呈阳性的酸性黏液样基质中，其间还含有纤细的网状纤维、少量的胶原纤维与血管。

　　【诊断要点】根据肿瘤的发生部位和眼观特征一般可做诊断，必要时可用超声波辅助诊断。确诊有赖于病理组织学检查。

　　【防治措施】加强饲养管理，尽量避免各种原因造成的外伤和刺激。发现本病后以手术切除最为有效。黏液瘤为良性肿瘤，常不发生转移，手术切除后一般不复发。

　　【诊疗注意事项】黏液瘤生长一般比较缓慢，肿瘤体积较小时常无明显的症状，对动物有机体也无明显的影响，可不予治疗。但发生在内脏及其周围的黏液瘤，当体积增大并影响到局部脏器功能时会出现相应症状，应及时施以手术治疗。同时采用对症疗法。

黏液瘤

直肠黏液瘤：质软，界限明显，切面湿润，半透亮，色淡黄。（陈怀涛）

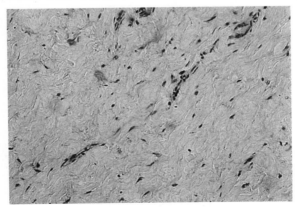

黏液瘤

瘤细胞稀疏分布，呈星形或梭形，其间为黏液样物质。HE×400（陈怀涛）

精原细胞瘤

精原细胞瘤又称精原细胞癌，是由睾丸原始生殖细胞发生的恶性肿瘤，但其恶性程度一般较小，犬多发生，马、牛、羊、鸡等动物也可发生。

【病因】病因不明，可能与内分泌机能失调有关。

【典型症状与病变】病初，瘤体较小者常无明显症状。随着肿瘤生长和瘤体增大，可见单侧（右侧略多于左侧）或两侧睾丸肿大（正常睾丸的2～3倍），有疼痛感。后期，睾丸几乎被肿瘤组织替代。瘤体大小不等，圆形或椭圆形，外有包膜和鞘膜，表面光滑，质地坚韧，切面呈均匀一致的灰白色或灰红色，似鱼肉，分叶状。有时可见出血、坏死。组织上可分为三类：①典型精原细胞瘤：瘤组织分化良好，有淋巴细胞浸润。瘤细胞多排列成团块、条索或弥漫性分布。肿瘤有坏死和出血变化；②分化不良型或未分化型：瘤细胞分化程度低或未分化，异型性和分裂象明显；③精母细胞型精原细胞瘤：瘤细胞形态似成熟程度不同的精母细胞。

【诊断要点】根据睾丸临诊特点可做初步诊断，确诊须进行病理学检查。

【防治措施】加强饲养管理，尽量避免睾丸外伤。定期对种公牛睾丸进行检查。一经确诊后，可进行患病睾丸的手术切除。上述三种类型的精原细胞瘤以第一种最为常见，生长较慢，预后一般良好。后两种少见，恶性程度高，预后较差，临诊上也可采取对症治疗。

【诊疗注意事项】睾丸肿大是精原细胞瘤的一种症状，但其他疾病也可发生睾丸肿大，应注意鉴别。

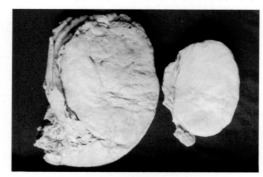

精原细胞瘤

左：患瘤睾丸高度肿大，质地坚实，颜色黄白，切面见出血点和坏死灶；右：大小正常的睾丸。（薛登民）

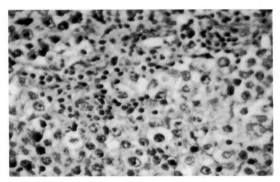

精原细胞瘤

瘤细胞大，呈多角形，胞浆淡染，核膜厚，核仁明显，间质中有较多淋巴细胞浸润，正常睾丸组织结构已消失。HE×500（陈怀涛）

肺　癌

牛肺癌是原发于肺组织或转移到肺脏的恶性肿瘤。肺内转移瘤比原发瘤更多见。多发生于老龄牛。

【病因】牛原发性肺癌的原因不明，可能与长期吸入工业污染的废气、烟尘及石棉等有关。转移性肺癌大多经血液循环到达肺部。对于人，一些内在因素，如家族遗传、免疫机能降低、代谢活动、内分泌功能失调等，也可能对肺癌的发病起一定的促进作用。

【典型症状与病变】肺癌的临诊症状为发热、持久的咳嗽和呼吸障碍。但在早期病例，这些症状比较轻微，大多数病例仅表现为短干咳。随着肿瘤的生长，病牛咳嗽和呼吸障碍逐渐加剧，乏力，消瘦，产奶量下降，有的吞咽困难，声音嘶哑。后期呈恶病质状态。肺癌发生转移后还可出现其他症状，如脑转移可出现恶心、呕吐、运动障碍等神经症状。癌瘤的外形呈结节样团块或弥散性分布，位于一个或多个肺叶。肺癌无完整的包膜，色灰白、无光泽，质脆，往往累及胸膜并向支气管或纵隔淋巴结以至远方的器官转移。在组织类型上，多数的肺癌为腺癌，少数的为鳞状细胞癌或小细胞癌，它们的分化程度不一。

【诊断要点】根据临诊表现和X光片检查可做初步诊断，有条件的可进行支气管镜检查。确诊需进行细胞学检查和病理学检查。细胞学检查的病料可从痰液或胸水中获取。多数动物肺癌是在死后剖检时发现的。

【防治措施】加强饲养管理，保持牛舍环境的清洁卫生，牛舍应远离工业污染的地区。由于肺癌在临诊发现时多已进入中晚期，而且容易扩散，恶性程度高，预后较差。因此，动物的肺癌治疗价值不高。对某些品种优良的种牛，肺癌一经确诊，即可进行手术切除，同时配合必要的化疗和对症治疗。

【诊疗注意事项】目前，肺癌的化疗一般不能根治，故只能配合手术或放射治疗，以加强肿瘤局部或区域性控制。同时，化疗时应尽可能根据病牛的耐受情况给予较高剂量。但常有并发症发生，如发热或有出血倾向等。

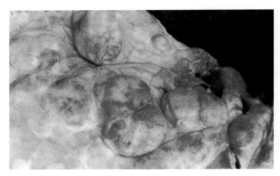

肺 癌

一头乳牛全肺密布大小不等的圆形癌瘤，坚实，胸膜壁层和颈浅淋巴结有转移瘤。（张旭静.动物病理学检验彩色图谱.北京：中国农业出版社，2003）

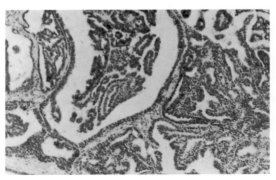

肺 癌

支气管上皮源性肺癌：上皮恶性增生，瘤组织呈腺癌结构。（刘宝岩等）

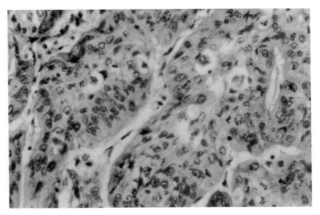

肺 癌

肺泡上皮源性肺癌：肺泡已被恶性增生的鳞状上皮癌巢所充满，有的癌巢中尚有小腔或空隙形成，癌细胞核分裂象较多。HEA×400（罗马尼亚布加勒斯特农学院兽医病理室）

肝　　癌

肝癌是来源于肝细胞或胆管上皮的恶性肿瘤，主要是由于长期摄入霉变饲料（尤其是被黄曲霉污染的饲料）所致。常见于5岁以上的黄牛和水牛。

【病因】牛原发性肝癌的原因复杂，主要原因可能有：①病毒性肝炎；②长期摄入霉变饲料（尤其是被黄曲霉污染的饲料）；③饮用水质严重污染；④化学致癌物质：如亚硝胺、亚硝酰胺、农药、酒精、黄樟素等；⑤其他因素：营养过剩（大量营养素）或营养缺乏（如维生素A、维生素B_1缺乏）、寄生虫感染及遗传等。

【典型症状与病变】早期常无明显症状。中晚期表现为肝部肿块、肝区疼痛、腹胀、消瘦、乏力、发热、黄疸、反复腹泻伴有消化不良和腹胀。继发性肝癌是由其他组织器官的恶性肿瘤侵犯、转移至肝脏所形成的肝部肿瘤，临诊表现和原发癌的症状相似。此外，个别病例尚有出血倾向，如牙龈出血、鼻出血。病理上肝癌可分为结节型、弥漫型和巨块型病变。组织上，癌细胞呈多角形，分裂象明显，常排列成条索状、团块状或腺团状，也可表现为分化不一的胆管样结构。

【诊断要点】根据典型症状、结合 B 超检查和实验室检查可做初步诊断，确诊须进行病理学检查。B 超检查：发现肝肿大、表面不平、肝内占位性病变。

【防治措施】加强饲养管理，保持牛舍环境、草料和饮水的清洁卫生，禁止饲喂被黄曲霉污染的饲料和腌制品，牛舍应远离工业污染的地区。肝癌确诊后，有条件的可进行手术切除，但由于肝癌在临诊发现时多已进入中晚期，而且容易扩散，恶性程度高，预后较差，因此，动物的肝癌治疗价值不高。

【诊疗注意事项】由于肝癌早期常无明显的临诊表现，发现时多在中晚期，且可能已发生转移，故多不进行手术治疗。

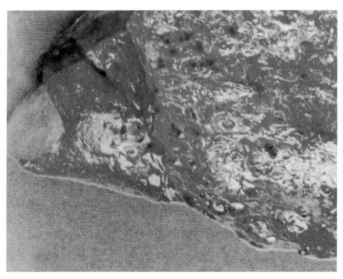

肝 癌

肝左叶外侧有一篮球大的巨大肿瘤，呈淡绿黄褐色，质脆，切面中心部出血，软化。（张旭静. 动物病理学检验彩色图谱. 北京：中国农业出版社，2003）

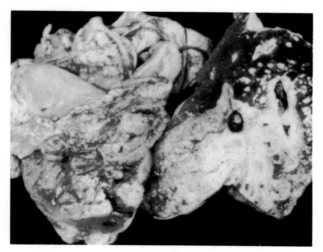

肝 癌

　　胆管性肝癌：肝脏有许多癌结节或癌灶形成，肝切面胆管明显，有许多散在的灰黄色癌灶，有的区域已变为一片灰黄色实变区。（张旭静）

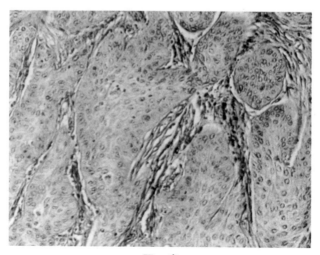

肝 癌

　　肝细胞癌：癌细胞排列成团块状或条索状，癌细胞外形似肝细胞，但异型性大，分裂象明显。HEA×200（罗马尼亚布加勒斯特农学院兽医病理室）

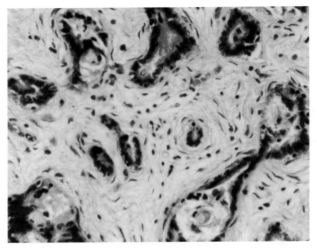

肝 癌

胆管细胞癌：癌细胞排列成大小不等、形状不规则的腺管，癌细胞异型性大，间质增生明显。HEA×400（陈怀涛）

间 皮 细 胞 瘤

间皮细胞瘤是由间皮细胞转化来的良性肿瘤。此瘤在牛、羊和其他动物均有发生。瘤体多位于胸膜或腹膜。

【病因】间皮细胞瘤的发生与多方面因素有关。目前认为，胸膜间皮细胞瘤的发病可能与接触石棉有关。禽类白细胞增生病毒注入实验动物腹腔可诱发间皮细胞瘤。此外，亚硝胺、玻璃纤维及其他肺部疾病（如结核）也与本病的发生有关。

【典型症状与病变】胸膜间皮细胞瘤的症状酷似胸膜炎，即表现为胸痛、咳嗽、气短和大量胸腔积液。腹膜间皮细胞瘤早期无症状，随着肿瘤的生长，或累及胃肠道后才出现腹部症状，如腹痛、腹胀、腹水等。后期可出现乏力、消瘦、食欲减退等全身症状。间皮细胞瘤瘤体呈结节状，单发或多发，有完整的包膜，切面色灰白，无浸润或转移，或呈弥漫样分布。组织上间皮细胞集结，形成大量梭形细胞，其间为少量上皮形和黏液样细胞。

　　【诊断要点】根据症状、实验室检查和病理学检查进行综合诊断。B超检查可见薄片状肿物图象和腹水。胸、腹水中找到间皮瘤细胞具有诊断价值。剖腹探查并进行病理检查可以确诊。

　　【防治措施】避免接触石棉、减少接触放射线是最有效的预防措施。此外，及早治疗慢性疾病，特别是肺部疾患（如结核病和吸入性肺炎），均可减少本病的发生。目前还没有有效的治疗方法。

　　【诊疗注意事项】虽然局限性腹膜间皮细胞瘤的组织形态为良性，但该瘤大多数的生物学行为仍属恶性，病牛可迅速死亡，故处理上仅做姑息性切除或摘除即可。需注意与结核性腹膜炎、腹膜转移瘤相鉴别。

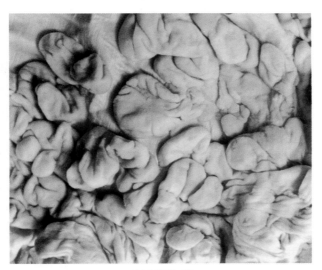

间皮细胞瘤

肿瘤呈皱襞状生长，质软，形状不规则。（薛登民）

甲状腺腺瘤与甲状腺癌

　　甲状腺腺瘤是发生于甲状腺上皮的良性肿瘤，而甲状腺癌则是其恶性肿瘤。临诊上以牛、羊多见。多在甲状腺功能活跃时期发病。因此，老龄牛发病率较低。

【病因】甲状腺肿瘤的病因尚不明确，目前认为可能与放射线损伤、饲料碘含量过高、慢性甲状腺疾病等有一定联系。

【典型症状与病变】初发症状为颈前出现肿块，牛体生长缓慢。肿块一般为单发或多发性结节，多位于近甲状腺峡部，质硬，光滑，无压痛，边缘清楚，随吞咽上下活动。但恶变、囊性变和出血后，瘤体可迅速增大。发生癌变后，表现为短期肿块迅速增大、颈部淋巴结肿大、呼吸困难、吞咽障碍，后期出现贫血、发热、消瘦和恶病质。

【诊断要点】根据症状、病理学检查和超声波检查可做出诊断。彩色多普勒超声波检查还可鉴别甲状腺良性、恶性肿瘤。细针穿刺细胞学检查对甲状腺瘤的诊断也有重要意义。甲状腺腺瘤的瘤体常呈结节状，有包膜，界限清晰；而甲状腺癌的瘤体可能出现囊肿、出血区和坏死区。组织上可根据瘤细胞和瘤组织的形态将腺瘤和腺癌区分。

【防治措施】加强饲养管理，减少射线损害，饲料碘含量不可过高，对发生在甲状腺的慢性疾病应及时治疗。瘤体小时，可通过治疗仪照射使其缩小、消失；瘤体过大时，原则上应及早手术切除，再行照射治疗。同时配合抗菌消炎和支持疗法。

【诊疗注意事项】甲状腺腺瘤有十分之一可发展为甲状腺癌。凡确诊为甲状腺癌者，应手术切除或采用放射性碘治疗、化疗。甲状腺腺瘤与甲状腺癌还应与较常见的甲状腺良性疾病如结节性甲状腺肿、甲状腺炎等相鉴别。

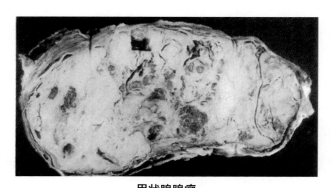

甲状腺腺瘤

肿瘤界限明显，有包膜，切面见出血、坏死。（薛登民）

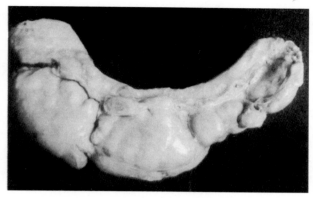

甲状腺癌

　　甲状腺肿大，表面呈大小不等的黄褐色结节，质地硬实。（薛登民）

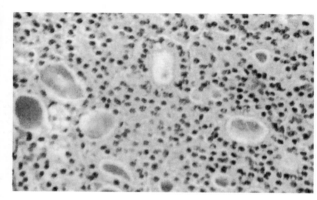

甲状腺腺瘤

　　瘤组织主要由大小不等的腺泡组成，腺泡上皮多呈立方状，形态比较一致，常无核分裂象，许多腺泡腔含分泌物，但也可见实性体结构。HE×200（薛登民）

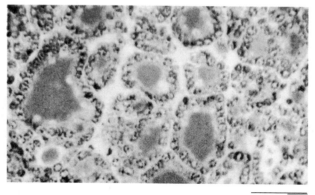

甲状腺癌

　　癌组织主要由大小不等的腺泡构成，它们和正常甲状腺的腺泡有一定相似，但腺泡上皮细胞分裂活跃，核分裂象明显。HE×200（薛登民）

参 考 文 献

CANKAOWENXIAN

陈怀涛, 2008.兽医病理学原色图谱[M].北京:中国农业出版社.

陈怀涛, 赵德明, 2013.兽医病理学[M].北京:中国农业出版社.

陈怀涛, 2010.牛羊病诊治彩色图谱.第二版[M].北京:中国农业出版社.

崔中林, 2007.奶牛疾病学[M].北京:中国农业出版社.

张晋举, 2000.奶牛疾病图谱[M].哈尔滨:黑龙江科学出版社.

Blowey RW 等, 2004.齐长明等译.牛病彩色图谱[M].北京:中国农业大学出版社.

范国雄, 1998.牛羊疾病诊治彩色图谱[M].北京:中国农业出版社.

陈溥言, 2006.家畜传染病学.第三版[M].北京:中国农业版社.

汪明, 2005.兽医寄生虫学.第三版[M].北京:中国农业出版社.

图书在版编目（CIP）数据

牛病诊疗原色图谱/陈怀涛，李晓明主编. —2版. — 北京：中国农业出版社，2022.11

（兽医临床诊疗宝典）

ISBN 978-7-109-19138-9

Ⅰ.①牛…　Ⅱ.①陈…　②李…　Ⅲ.①牛病–诊疗–图谱　Ⅳ.①S858.23–64

中国版本图书馆CIP数据核字（2014）第087820号

牛病诊疗原色图谱
NIUBING ZHENLIAO YUANSE TUPU

中国农业出版社出版

地址：北京市朝阳区麦子店街18号楼

邮编：100125

责任编辑：王森鹤　颜景辰

版式设计：王　晨　责任校对：吴丽婷

印刷：北京缤索印刷有限公司

版次：2022年11月第2版

印次：2022年11月第2版北京第1次印刷

发行：新华书店北京发行所

开本：889mm×1194mm　1/32

印张：5.625

字数：160千字

定价：78.00元